THE HANDBOOK OF
WORM COMPOSTING AND
COMPOST EARTHWORMS

超·詳·解

蚯蚓堆肥

製作與利用

賴亦德————著

晨星出版

作者序

我是 2015 年才開始接觸蚯蚓鑑定、養殖和應用領域的。

2016 年，我慢慢體認到研究室裡稀鬆平常的蚯蚓知識與資訊如種類鑑定和生態習性等，竟未普及到民間。但民間對於養蚯蚓產蚓糞來賣 ── 也就是利用堆肥蚯蚓，將有機質廢棄物以蚯蚓堆肥方式轉化為蚓糞肥的營生，二、三十年來從未停歇，甚至近年有日漸蓬勃之勢。可惜的是，當時的蚯蚓養殖社群還是流傳著四十年來都沒有更新的說法，例如太平 2 號。

同時我也察覺，蚯蚓堆肥在堆肥研究領域裡是個偏門，畢竟好氧或厭氧堆肥都研究不完了，哪還有時間關注蚯蚓堆肥呢？更何況蚯蚓堆肥研究還要特別關照蚯蚓這一群動物，這對於專精在微生物和生物化學領域的堆肥專家而言是隔行如隔山，於是蚯蚓堆肥理所當然成為堆肥研究的冷門主題。

機緣巧合下，我在 2017 年底決定投入廢棄物處理產業，以研發工程師的角色實地面對成山屎堆，想以蚯蚓堆肥法大規模的處理有機質廢棄物。如此埋首屎堆三年半後做出了一些成果，這本書就是成果之一。

在書裡，我把蚯蚓堆肥所需的知識與技術，甚至連臺灣的堆肥蚯蚓養殖史都寫進來，這些知識與技術以中小規模的蚯蚓堆肥樣態展現，就成了家庭社區規模的蚯蚓堆肥箱，也是這幾年日漸熱門的家戶廚餘處理方式之一。

和其他的中文版蚯蚓相關書籍比起來，這本書有幾個特別之處：

首先，這本書強調蚯蚓的種類與習性差異。先前的中文版蚯蚓養殖書籍在蚯蚓多樣性和習性差異上少有著墨，而且總是以「蚯蚓如何如何」這樣的敘述來說明，於是讀者就會以為蚯蚓沒幾種，習性也差不多，也就不意外地輕忽了養殖的蚯蚓種類選擇、鑑定和習性之別。

　　其次，這本書紮實的以蚯蚓堆肥為主軸。先前的蚯蚓養殖書籍幾乎都以大量養殖為主軸，開頭泛論蚯蚓生物學，再談大量養殖堆肥蚯蚓的各種操作方式與技術細節，但我認為那樣的寫法輕忽了蚯蚓養殖的目的差異。養堆肥蚯蚓來處理有機質廢棄物，或是生養眾多賣蚯蚓蟲體、賣蚓糞，兩者所需要的養殖管理方式和相關知識必定不一樣。與其和稀泥的談堆肥蚯蚓大量養殖，我認為清楚明白地以蚯蚓堆肥為主軸來介紹相關知識才是比較恰當的。

　　再來，這本書全面介紹各種家戶蚯蚓堆肥箱的操作方式並且進行比較。市面上也曾有些討論蚯蚓堆肥的書籍，但幾乎都是談自製堆肥的各種方式，而蚯蚓堆肥僅是其中的一小部分。這樣的寫法通常在蚯蚓的描述和介紹極為不足，對蚯蚓堆肥與其他堆肥的差別也不見說明，更別提及會有各種家戶蚯蚓堆肥法的比較了。

　　最後，這本書除了提供指引，更著重於破除迷思、消滅沒有根據的傳言。不管是太平2號、蚯蚓品種、蚯蚓每天食量多少、蚯蚓的再生能力多好、蚓糞有多純淨天然、肥力多高等等，書中都有詳細的考究說明。我也把這緩年研究中曾有的疑問與問題整理在最後一章，希望能夠補足前面章節沒有涵蓋到的部分。

　　總之，這本書就是專門為了中小規模、家戶社區的蚯蚓堆肥操作而寫，希望整理出的脈絡能夠讓讀者理解並發揮最大效益。如果對大規模蚯蚓堆肥的操作與技術甚至商業模式有興趣，歡迎與我聯絡。

目次

Chapter 1.

什麼是
蚯蚓堆肥？

蚯蚓堆肥，簡單說就是利用蚯蚓把有機質廢棄物以堆肥方式變成有機質肥料的過程。不過，若要深入了解什麼是蚯蚓堆肥，那就得先了解什麼是堆肥。

什麼是堆肥？

堆肥，就是把有機質廢棄物變得穩定、無臭、無害、又具肥力的過程。

千百年來，人類處理家戶廚餘、禽畜糞便、拐瓜劣棗等有機質廢棄物的方法，多半就是將這些廢棄物堆置在某個角落，任憑其腐敗冒煙發臭、流湯長蟲，一段時間以後就成了深色、穩定、無臭無害、性質類似泥土、帶著泥土芳香、具有肥力、對植物有益的產物。這樣的過程不但需要時間，也需要大量成堆的廢棄物才得以順利進行，是以中文稱作「堆肥」，顧名思義，就是廢棄物必須多到可以成「堆」，放久了就變成「肥」。有趣的是，有機質廢棄物經由堆肥後轉化而成的產物經常也叫做「堆肥」，一個詞同時兼具過程（動詞）和產物（名詞）的詞性，於是有時難免出現「將牛糞堆肥變成牛糞堆肥」這種繞口令般的句子，令人莞爾。

千百年來的堆肥經驗，到了現代已經被研究分析並且科學化。我們現在知道，有機質廢棄物在堆肥化的過程中，是依賴細菌、真菌、放線菌、原生動物等多種微生物的作用，在升溫又降溫的過程中將有機質廢棄物進行礦化和腐植化。有機質的礦化是將有機物分解成分子量更小、可溶於水的無機成分，過程迅速外亦生成水和二氧化碳，並產生大量熱能；至於腐植化，則是在有機物分解的過程中，將初步分解的產物再次合成為深色、結構複雜多元、性質穩定、不易分解的腐植質、腐植酸等大分子有機質。

好氧堆肥有眉角：碳氮比、蓄熱、翻堆通氣

由於上述過程主要是依賴微生物來進行，因此所使用的有機質廢棄物必須有適當的碳氮比（亦即碳元素與氮元素的重量比例，不同的廢棄物依照成分會有不同的碳氮比，一般建議傳統好氧堆肥的適合碳氮比範圍在 15～40 之間），好讓微生物在分解、轉化廢棄物過程中獲得均衡的營養來成長繁殖，也可確保堆肥化結束後的產物中，由微生物分解廢棄物並製造出來的成分比例適切且肥力均衡，不至於在當作肥料施用後對植

株或土壤產生不良影響，也就是俗稱的「燒根」或「肥傷」。此外，在堆肥的過程中之所以要把足量的廢棄物成堆放置，是為了將微生物活動（尤其是進行礦化作用時）所產生的熱能蓄積起來，藉此升高堆肥的溫度讓微生物活動得以更加旺盛；但矛盾的是，堆肥的量體越大雖然越容易蓄熱，但其內部卻也越容易出現壓實和缺氧的現象，因此良好的堆肥過程通常需要定時翻堆攪拌，好讓堆肥內部保持足夠的空隙和空氣供微生物利用，同時也可調節溫度，避免內部蓄熱過久造成溫度過高，反而抑制微生物活動和生長。

▶利用俗稱山貓的鏟裝機將堆肥中的牛糞翻堆混合，以利內部保持空隙和通氣。

▲內部通氣不良的牛糞堆，可明顯看到微生物正在作用的外層和依然呈現黃綠色的內層。

最後，當成堆的廢棄物溫度漸漸下降，且翻堆以後溫度也升不上去，就表示堆肥化過程差不多結束，有機質廢棄物已經轉為腐熟的堆肥了。因堆肥過程受限於微生物的作用和溫度使然，一般而言通常需時一個半月到兩個月左右，萬一碳氮比不適當，或是沒有好好翻堆、攪拌或調整水分，將有機質廢棄物堆肥至腐熟的時間可能拉長到數個月甚至半年以上。

總結來說，堆肥的過程為了讓微生物好好運作，需注意用來堆肥的有機質廢棄物的碳氮比，而且廢棄物的量體要大到能夠成堆，才能藉此蓄熱升溫促進微生物活動，並時常翻堆攪拌以確保堆肥內部有足夠空隙和空氣，且至少需時一個半至兩個月，才能讓有機質廢棄物順利轉為腐熟的堆肥。這樣的傳統堆肥方式因為需要氧氣，通常又稱「好氧堆肥」。

▲每週往左移動一格藉此翻堆的堆肥舍，左二的冒煙堆肥明顯正處於高溫期。

▲已經腐熟的堆肥，外觀深色且性質穩定，即使大堆放置也不再升溫。

話說回來，若堆肥過程中沒有時常翻堆攪拌確保通氣，那麼內部就可能會是以厭氧菌進行厭氧發酵為主，這樣的過程當然也可以把有機質廢棄物轉為腐熟的堆肥，只是過程中溫度較低還會產生惡臭，完全腐熟所需時間也拉長許多，如果比照好氧堆肥的時間把厭氧堆肥的產物拿來使用，就可能遇上堆肥腐熟不徹底的狀況，這樣的堆肥品質不僅比較差，還可能有散播病菌的風險。

什麼是蚯蚓堆肥？

蚯蚓堆肥，就是有蚯蚓參與並且扮演重要角色的堆肥過程。

與好氧堆肥相比，蚯蚓堆肥同樣得倚賴微生物的作用，才能將有機質廢棄物進行礦化和腐植化，最後轉為穩定、無臭、無害且具肥力的腐熟堆肥。最重要的是有「蚯蚓」這樣的大型土壤無脊椎動物參與其中，藉著日以繼夜在有機質廢棄物裡鑽動、攪拌、吞食、消化、

▲以蚯蚓堆肥方式處理家畜糞便並生產蚓糞肥的蚯蚓養殖場。

排便，於堆肥中製造空隙保持通氣，促進有機質廢棄物的粉碎、分解和轉化，扮演加速堆肥化過程的重要角色。

　　既然蚯蚓必須在堆肥過程中深入參與，蚯蚓堆肥所需的條件和好氧堆肥必定有所不同。首先，蚯蚓堆肥所使用的有機質廢棄物對碳氮比要求較寬鬆，只要能確保蚯蚓接受所用的有機質廢棄物為基材，不至於發生拒絕接受甚至竄逃死亡的窘況，即使是碳氮比過高、無法以好氧堆肥方式升溫並順利堆肥化的稻草、落葉或木屑，還是可以採用蚯蚓堆肥的方式處理；至於碳氮比較低的豬糞甚至更低的雞糞，由於堆肥發酵過程中極易發熱酸敗並產生有害氣體、液體，因此一般而言蚯蚓難以接受，必須另外添加副資材方能進行蚯蚓堆肥。

▲剛放入有機質廢棄物基床中，準備開工參與蚯蚓堆肥的堆肥蚯蚓。

▲以蚯蚓堆肥處理的牛糞必須薄鋪以免蓄熱升溫，兩週後便已成為明顯細碎均勻且性質穩定的蚓糞肥。

　　其次，為了讓蚯蚓在其中發揮功能，進行蚯蚓堆肥的有機質廢棄物不能成堆放置，以免微生物作用所產生的熱能蓄積，導致偏好陰涼環境的蚯蚓不適而竄逃甚至死亡。再者，蚯蚓堆肥過程中已有蚯蚓在其中鑽動翻攪均勻混合，所以不需要像好氧堆肥一樣時常翻堆促進通氣；還有，為了讓蚯蚓能夠在有機質廢棄物中舒適生活，不同於好氧堆肥，蚯蚓堆肥更需要保持相當的溼度。

　　最後，因為有蚯蚓的參與，比起好氧堆肥，蚯蚓堆肥所需的時間可以更短，而且單位體積裡有越多的蚯蚓參與，有機質廢棄物轉化為腐熟堆肥的速度也可以越快。更棒的是，因為有機質廢棄物轉化為腐熟堆肥的時間大幅縮短，肥力也得以保留更多，不至於在個把月的堆肥過程中被微生物消耗分解殆盡；而且蚯蚓堆肥的產物乃是經由蚯蚓消化排出的蚓糞，其中的菌相經過蚯蚓腸道的調

整變得更為均衡且有益，物理性質比起傳統堆肥的產物也有過之而無不及，這就是近年來在有機質廢棄物處理領域裡，蚯蚓堆肥日益受到重視的原因。

▲豬糞與牛糞混合並且經蚯蚓堆肥轉為腐熟的蚓糞肥。

 TIPS. **蚓糞堆肥是個沒道理的說法**

　　有些人會把「蚯蚓堆肥」稱為「蚓糞堆肥」，這是個沒有道理的說法。蚯蚓堆肥的英文是 vermicompost，這裡的 vermi 原意是「蟲」，也就是讓蟲類跟微生物一起作用，加速腐熟速度的堆肥過程。這個「蟲」通常是意指蚯蚓，但其他的無脊椎動物也可能扮演相同的角色，例如近年來火紅的黑水虻幼蟲、麵包蟲、麥皮蟲、蠅蛆、馬陸等，都有加速有機質廢棄物腐熟的能力，和蚯蚓一樣能夠擔任堆肥過程中的蟲類要角。所以，重點是這些蟲類來參與，而不是牠們的糞便，因此這樣的過程理當叫做「蚯蚓堆肥」，而非「蚓糞堆肥」。

Chapter2.

要做蚯蚓堆肥，
請先了解蚯蚓

蚯蚓有很多種，習性、食性各有不同

蚯蚓其實有很多種，目前全世界已知的蚯蚓種類已超過 6000 種，而臺灣已知的超過 100 種。既然有這麼多不同種的蚯蚓，其生活習性和環境偏好當然不可能完全一樣。然而可惜的是，一般人對於蚯蚓的了解甚少，也沒有辦法辨別各種蚯蚓間外觀的相異處，導致許多流傳已久的說法都是以偏概全的誤會。

好比說，一般人所認知的「蚯蚓都住在土裡」，這個說法就是錯的。

的確，蚯蚓是以陸生地棲為主，而且不可否認我們在生活中經常從土裡挖到蚯蚓，但這並不表示蚯蚓都住在土裡。認真說起來，我們可以把蚯蚓依照棲息深度和隧道型態，進一步區分出表層型、底層型和貫穿型這三種生態型。

表層型蚯蚓

表層型（Epigeic）的蚯蚓住在土壤表面的枯枝落葉堆、腐植層，或是動物糞便堆肥等有機質豐富之處，而不住在泥沙粉末等無機質為主的「土」裡；牠們在土壤表面的有機質中鑽行取食，沒有明顯的隧道型態，基本上也不往下鑽入土壤中。表層型的蚯蚓種類通常體色較深、體型不大、活動力強、生長迅速而且生殖能力強，以應對族群容易受到外界環境和捕食者干擾的耗損。在臺灣野外有印度藍蚯蚓、舒氏腔環蚓和幾種重胃蚓屬於表層型蚯蚓。

▲三種臺灣野外常見的表層型蚯蚓，由上至下依序為舒氏腔環蚓、印度藍蚯蚓、乳突重胃蚓。

底層型和貫穿型蚯蚓分別住在土壤淺層和深層

底層型（Endogeic）和貫穿型（Anecic）的蚯蚓都是住在土壤層裡，這兩類生態型的蚯蚓在數千種蚯蚓中占多數，因此一般人刻板印象認為「蚯蚓都住在土裡」也是情有可原。底層型蚯蚓不像表層型蚯蚓沒有明顯的隧道型態，底層型蚯蚓是擁有水平方向發展的

隧道系統，隧道所在深度一般多在30公分以內。若進一步以隧道與活動深度區分，還可將底層型細分成較靠近地表的「上底層型」和較深處的「下底層型」。由於地底的環境相對穩定而安全，因此比起表層型蚯蚓，底層型蚯蚓種類通常體色極淺，尤其下底層型更是如此，而且牠們活動力較弱、成長較慢、體型較大、生殖能力比起表層型蚯蚓也弱得多。

相對於底層型蚯蚓，同樣住在土壤

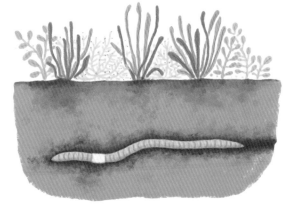

◀體色淺而透明，總在土壤中鑽行，幾乎不到地面活動的黃頸蜷蚓是很典型的底層型蚯蚓。

層中的貫穿型蚯蚓則是擁有垂直往地底下深入的隧道系統，隧道可達公尺之深，由於棲息位置更深，環境也更加穩定而安全，貫穿型蚯蚓比起底層型蚯蚓通常成長更慢、體型更大、生殖能力也更差。有趣的是，貫穿型蚯蚓經常在夜晚或雨後到地表上活動，因此活動力並不至於太差，而且常有較深的背部體色和明顯的背腹顏色區別。

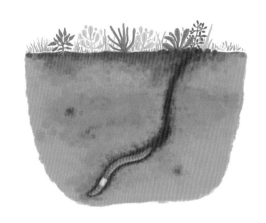

▲平地蛇蚯蚓是典型的貫穿型蚯蚓，也是公園、校園中最大型的蚯蚓，經常在夜晚和雨後爬到地面遊走。

30cm

蚯蚓 生態型	周圍環境	深度	食性	隧道型態	體型與體色
表層型	有機質為主，如枯枝落葉堆、草根糾結處、動物糞便堆、腐植質層等	0公分，屬於地表有機質層	植食性為主	沒有明顯隧道型態	體型較小，體色通常較深
底層型	無機質為主的土壤	30公分以內的土壤	土食性，或植食兼土食性都有可能	水平發展的隧道系統	體型中大，體色通常較淺
貫穿型	無機質為主的土壤	30公分以下到100公分或更深處的土壤	植食兼土食性為主，夜間常會探出地表取食植物活體或殘體	垂直往地底深入的隧道系統，可達公尺之深	體型較大或極大，體色通常較深，且有背腹顏色之別

半水棲、水棲甚至樹棲的蚯蚓

雖說蚯蚓是大型「陸棲」寡毛類的通稱，但生物總有例外，除了上述的三種地棲生態型之外，有少數蚯蚓的棲地其實是在水邊灘地或水中底泥裡，因此應屬於半水棲或水棲，例如臺灣中海拔的方尾小愛勝蚓就成群棲息於溫泉、湖邊、山溝、激流或溼軟的泥土中，而薩爾塔細帶蚓在澳洲的水田中也能夠生存良好，因此具有半水棲的能耐。臺灣及周邊離島的海邊泥灘沙灘裡，也可以發現一種名為潮間泮蚓的水棲蚯蚓，潮間泮蚓棲息的環境可不是淡水，而是海水，不但能在經常淹水的潮間帶泥沙中生存，還能攀附在漂流木上於海水中浸泡兩個月之久，這樣的能耐想必超乎各位讀者的想像吧。

▲薩爾塔細帶蚓具有半水棲的能力，可在溼泥中生活良好。

▲水棲的潮間泮蚓能在潮間帶的漂流木下與海草堆中生活，甚至能隨著漂流木在海水中浸泡兩個月之久。

不僅如此，有些蚯蚓種類的棲地更加特別，例如住在腐木裡或是樹棲在附生植物基部裡，甚至是特定樹種的特定位置上，例如菲律賓特有的米氏古環蚓（*Archipheretima middletoni*）以及同屬的種類，幼體和少數成體就經常在林投樹同屬植物的叢生葉片基部積土或腐爛組織中發現，更特別的是該種幼體似乎

▲香蕉樹上老葉鞘和莖幹間的蚯蚓。

具有領域性，每棵樹上只會有一隻個體。無獨有偶，這種樹棲習性的蚯蚓在臺灣也有發現，例如在香蕉樹外層的老葉鞘和莖幹間的積土與腐爛組織中，經常可發現數種蚯蚓居住其中，甚至可看到這幾種蚯蚓在此產下的卵繭，然而這些蚯蚓是什麼時候來到香蕉樹上、又是從哪條路徑上樹，或是受到香蕉樹的哪些因子吸引，目前還未有任何研究。

蚯蚓都吃土為生？大錯特錯

如同「蚯蚓都住土裡」這觀點是以偏概全，「蚯蚓都吃土為生」也是以偏概全、不求甚解的說法，畢竟蚯蚓有數千種之多，又可分為表層、底層和貫穿三型，其食性當然也會有所不同。

蚯蚓的食性基本上以植食性和土食性兩種傾向來描述，且食性與生態型有相當的關聯。植食性蚯蚓直接取食的是枯枝、落葉、爛果、草屑、真菌、糞便等植物性為主，通常為略有腐爛的有機碎屑，且住在土壤表面枯枝落葉腐植層的表層型蚯蚓多屬於此類食性。相對的，土食性蚯蚓直接取食的則是土壤，將土壤中的花粉、孢子、線蟲、真菌、原蟲、細菌以及其他已經細碎到難以分辨的有

機碎屑吞進腸道內消化吸收，住在土壤層中的底層型蚯蚓經常屬於此類食性。不過，在植食性或土食性的兩種食性之間，有許多種類的蚯蚓其食性實屬兩者兼具，不僅直接取食植物性碎屑，也經常吞食土壤，例如生活在表層與底層交界處或上底層型的蚯蚓，還有相當多種類的貫穿型蚯蚓，都屬於植食與土食兼具的食性，這類蚯蚓不但在鑽隧道時會吞食大量土壤，在夜間也經常會探出到地面取食隧道洞口周圍的植物碎屑，甚至摘食葉片或青苔。

值得一提的是，無論是植食性或土食性，基本上蚯蚓還是將各種有機碎屑直接或混著土壤吞進肚子裡，消化吸收之後排出殘餘，而非就地將有機碎屑分解後吸收營養，因此蚯蚓屬於屑食者（亦可稱腐食者）而非分解者。

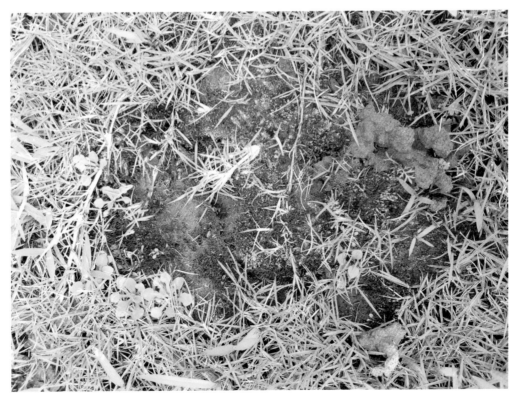

▲植食性兼土食性的平地蛇蚯蚓於夜間探出到地表取食青苔後的食痕。

蚯蚓雌雄同體，通常異體受精

蚯蚓是雌雄同體的動物，體內有雄性和雌性的生殖系統，但一般狀況下以相互異體受精爲主。絕大多數的蚯蚓種類在交配時精子從雄孔排出，經由對方的受精囊孔注入受精囊中。由於受精囊孔位於雄孔之前，爲了讓彼此的雄孔和受精囊孔能夠貼近以傳遞精子，因此兩隻蚯蚓在交配時僅能以反向平行的姿勢來進行。不過，少數的蚯蚓如非洲夜蚯蚓在雄孔中長有陰莖，而且受精囊孔和雌孔癒合，因此交配時是以陰莖插入對方的受精囊孔兼雌孔中並將精子排入。

▲非洲夜蚯蚓雄孔中有陰莖（上圖），交配時可以看到陰莖伸出並插入對方受精囊孔兼雌孔中（下圖）。

▲反向平行的蚯蚓交配姿勢。

通常雙配對，偶然三人行

　　一般而言，蚯蚓的異體受精走成雙成對路線，不過凡事總有例外，曾有蚯蚓養殖業者記錄到三隻蚯蚓同時交配的現象，將各自的雄孔和受精囊孔以接龍方式相合，我的精子給你，你的精子給他，他的精子給我，留下了「三人行」這樣實屬難得的交配記錄。或許是因為在大量養殖的蚯蚓場內蚯蚓密度極高，兩隻蚯蚓要交配歡好之時也難以找到獨處的空間，總有第三者亂入，於是出現了這樣的狀況，實在令人大開眼界又不禁莞爾。

　　由於蚯蚓生活在土壤或腐植層等基材中，交配也經常在其中進行，使得絕大多數蚯蚓種類的交配過程相較於其他動物更是難以觀察。不過，不少表層型蚯蚓在夜晚會爬出到地表活動，而有些貫穿型蚯蚓在夜晚也會從隧道洞口將身體前段探出到地表覓食，當上述蚯蚓於夜間地表相遇時就有可能天雷勾動地火，因而得以讓我們一窺蚯蚓交配的過

程。當然，如歐洲紅蚯蚓、非洲夜蚯蚓等幾種已被大量養殖的蚯蚓種類，就算只在腐植基材中交配，其交配情形也會因為各種頻繁進行的養殖操作而容易被撞見。因此，目前對於蚯蚓交配行為與過程的觀察，多半是以大量養殖的表層型蚯蚓，以及夜間會探出至地表活動與交配的貫穿型蚯蚓為對象，至於底層型蚯蚓的交配行為與描述則相對稀少。

▲經常在雨後和夜晚爬到地表遊走的參狀遠環蚓，又名平地蛇蚯蚓。

直擊！臺灣野生蚯蚓的交配記錄

1999 年，臺灣大學動物學系（現為生命科學系）陳俊宏教授與當年尚在動物學研究所就學的莊淑君博士，曾在夜間的戶外觀察到數次參狀遠環蚓在地表交配的行為，以下引用兩位的描述：

「從 1999 年 3 月起，我們注意到參狀遠環蚓會有晚上爬出地表的行為，特別是在雨後的夜晚……牠們會在土壤潮溼的夜間將身體前半截鑽出地表，從入夜開始，至 10 點到 12 點的數量最多，之後數量又會下降。爬出地表的參狀遠環蚓，主要的行為多為覓食……。」

「……爬出的參狀遠環蚓除了覓食外，並會進行交配，在 1999 年 5 月初我們曾觀察到疑似蚯蚓交配的動作，但因為干擾過大，兩隻蚯蚓迅速縮回洞中，直到 5 月 26 日，我們終於首次完整記錄到臺灣蚯蚓的交配過程，其交配的行為似乎並不是特意要進行而發生，根據我們多次觀察，認為兩隻蚯蚓應該是在偶然遇見下進行交配：兩隻蚯蚓會在遇見後，一隻蚯蚓先以口前葉試探對方，若另一方無交配意願，雙方會以相當快速的速度縮回洞內，否則會以頭沿著對方身體向前伸展，但動作非常緩慢，口前葉會不斷試探，然後兩隻蚯蚓各轉九十度，以利腹部相貼，當雄孔對到對方的受精囊孔時會停止再向前，這時可觀察到其雄孔突起，雄孔突出的模樣及乳突相當明顯，並且環帶部位腹部會扁平向兩邊伸展，將對方緊緊抓住，維持一段時間不動，接下來會有一隻蚯蚓開始動作，其頭部至雄孔的部位會在另一隻不動的蚯蚓受精囊孔處來回多次，不刻意停留在固定受精囊孔處，可以稍作停留約 2～5 分鐘，以便將精子傳到對方受精囊中，之後換另一隻蚯蚓進行相同的動作。國外的文獻記載中（Dubash, 1960 cited by Edward and Bohlen, 1996）環毛蚓（Pheretima）則是雄孔會先對準最後一對受精囊孔，將精子傳到受精囊中，再向前至前一對受精囊中，而這與我們觀察到的交配行為有所不同（文中未清楚描寫是否同時交換精子）。」

「同一晚中該對蚯蚓可能是受到人為干擾共交配了三次，第一次明顯受到人為干擾，在 10 分鐘後暫時分開，但過 30 分鐘左右，又再爬出互相試探重新進行交配，這次從兩隻蚯蚓互相接觸到分開為止，歷時約 1 小時，對於我們照相的閃光燈強光毫不理會，之後兩隻蚯蚓分開，各自回到洞中。但過了 10 分鐘，一隻又爬出地表，但並未馬上向另一隻

的洞穴前進，而是到處覓食，直到另一隻也爬出覓食，兩方又相遇，再進行第三次的交配，此次時間稍短，約只有30分鐘左右，總計自晚上10點到12點進行約2個小時的交配行為。在這之前，5月初，我們也曾發現過參狀遠環蚓的交配，但由於腳步的震動而躲回洞穴中，之後兩隻蚯蚓雖有鑽出地洞但沒有相遇，所以沒有再一次的交配行為，而是各自覓食。」

話說回來，蚯蚓交配或許看來隨意，實際上卻存在著重重門檻。首先，蚯蚓在交配時除了雙方生理上已經成熟外，還經常存在對體型相近個體的偏好。這是因為交配的兩隻蚯蚓必須將雄孔與受精囊孔相對，體型上不能差異太大才能順利自然進行，否則就算其中一方特地延展或委身相就，身體寬度可能也難以相合而導致精子傳送效率降低或失敗。此外，對於歐洲常見的陸正蚓（*Lumbricus terrestris*）而言，由於交配時雙方經常只有身體前段露出地表，在交配過程中體型過大的對象很有可能將自己拉出隧道暴露在外，導致被捕食的風險大增，是以體型相近在此種蚯蚓的交配過程中可能更加重要。

陸正蚓（*Lumbricus terrestris*）於夜間時，身體前段探出至地表交配的影片。

蚯蚓交配沒那麼簡單

除了挑剔交配對象的體型，蚯蚓的交配過程中還存在著隱藏的精子競爭。前人研究發現歐洲紅蚯蚓會跟一隻以上的對象交配後才開始產下卵繭，而且這樣的卵繭孵化率高於只和一隻對象交配產下的卵繭。此外，歐洲紅蚯蚓在交配時，如果偵測到對方並非首次交配，就會排出三倍數量的精子，以利自己的精子在對方受精囊中與其他個體的精子競爭。從上述研究可知，蚯蚓在交配過程中也承受了相當的競爭壓力，並不是交配就可以保證擁有許多後代。

除了異體受精交換精子之外，蚯蚓還有其他生殖方式。有些蚯蚓能以自體受精的方式產下後代，例如單獨養殖的歐洲紅蚯蚓就有三成會自體受精，以折疊身體前段，讓前端的受精囊貼近後方的雄孔並將精子導入受精囊中，進而產下健康卵繭孵出幼體。還有，許多蚯蚓種類甚至已經不需要異體或自體受精，

而是直接以孤雌生殖的方式產下可發育的卵並孵化出後代，行孤雌生殖的蚯蚓通常會有程度不一的受精囊和雄性生殖系統萎縮或消失的解剖特徵，在染色體上也會有多倍體的現象，例如臺灣中南部可見的長形多環蚓、臺灣高山特有的鏈狀遠環蚓和合歡遠環蚓就是相當程度行孤雌生殖的種類。

▲經常交配多次後才開始產卵繭，會排出大量精子彼此競爭，還能折起身體自體受精的歐洲紅蚯蚓。

▲行孤雌生殖的鏈狀遠環蚓。

▲行孤雌生殖的長形多環蚓。

蚯蚓產卵繭，恰似小孩脫泳圈

交配後一段時間，蚯蚓的卵會逐漸成熟再從雌孔產出，因為卵產出之後會被包覆在環帶表面分泌出來的一層鞘之中，而且經常是多個卵包覆在一起，所以稱為卵繭或卵鞘。除了少數受精囊孔與雌孔融合的種類如非洲夜蚯蚓之外，蚯蚓的卵都必須從雌孔產出後，再交由受精囊中排出交配對象的精子受精。只不過，受精囊孔比雌孔更靠近身體前端，這距離說遠不遠，但也不近，從雌孔產出的卵無法直接碰觸到受精囊孔排出的精子，那麼蚯蚓到底該怎麼辦呢？

面對這問題，蚯蚓是這麼解決的：在生殖時，蚯蚓的環帶表面會分泌出黏稠的液體，液體的表面固化後成為卵繭外鞘，裡面包覆著蛋白樣的黏稠物，然後蚯蚓從雌孔產卵在卵繭中。接下來，為了讓卵繭中的卵被受精囊裡面的精子受精，蚯蚓就必須退縮身體，如同小朋友將套在腰上的游泳圈往上脫去一樣，讓卵繭帶著其中的卵往前移動到受精囊孔位置，再排出受精囊裡的精子使卵受精。最後，蚯蚓的身體會繼續後退，直

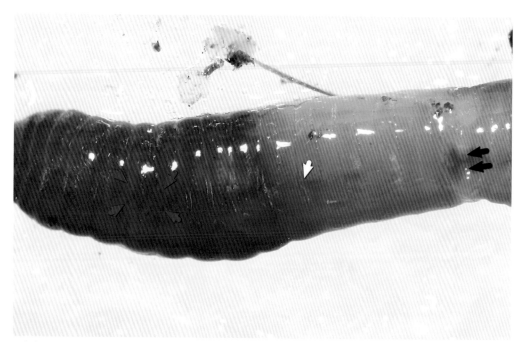

▲蚯蚓的生殖孔，從前端往後依序是受精囊孔（藍箭頭）、雌孔（白箭頭）、雄孔（黑箭頭）。

到卵繭與其中的受精卵從身體前端脱出，兩端收口整形後即爲一個卵繭。一般而言，只有在適當環境蚯蚓才會產下卵繭，而受精囊中的精子足以供應許多的卵受精，因此交配後若是環境許可，蚯蚓就可以不斷產出卵繭直到受精囊中的精子用盡。

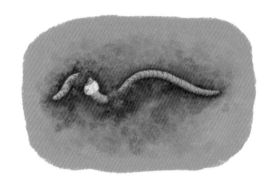

▲正在產卵繭的黃頸蜷蚓，橘色部分是環帶，上頭白色游泳圈狀的物體就是剛形成的卵繭外鞘，裡頭包裹著黏液和卵，正要向前推進。

各有不同的卵繭

雖然說卵繭都是以同樣方式生下來，但卵繭的大小與型態在不同蚯蚓類群中有差異性，包含的胚胎數量也多有差別。以臺灣的三種堆肥蚯蚓爲例，歐洲紅蚯蚓和非洲夜蚯蚓一顆卵繭通常含有三、四隻幼體，甚至可多達十隻左右，但印度藍蚯蚓的卵繭就幾乎只有一隻幼體。此外，產卵繭的頻率也是依蚯蚓種類而定，例如堆肥蚯蚓的生殖力向來極高，在環境良好的狀況下能以一兩天一顆的頻率產下卵繭；相對的，臺灣野外常見的各種環毛蚓生殖力就差了許多，一年的產卵繭數或許在數十顆左右，有些種類一年恐怕只產下數顆卵繭，而且卵繭尺寸和蚯蚓體型相比也通常偏小，裡頭也都只含一隻幼體，和堆肥蚯蚓相比，可謂天淵之別。

▲不同種類的堆肥蚯蚓卵繭大小和型態各有不同，由上到下依序為歐洲紅蚯蚓、印度藍蚯蚓、非洲夜蚯蚓。

▲野外挖到的黃頸蜷蚓初生卵繭（上圖）和即將孵化的卵繭（中圖），以及長形多環蚓的卵繭（下圖）。

Chapter3.

蚯蚓堆肥
的關鍵角色：
堆肥蚯蚓

做蚯蚓堆肥，用堆肥蚯蚓

我們想要以蚯蚓堆肥處理有機質廢棄物並且將其轉為蚓糞肥，那麼能夠直接生活在有機質廢棄物、不需要住在泥土裡，還能直接取食有機質廢棄物的蚯蚓，當然為最佳選擇。我們已了解蚯蚓可分為表層型、底層型和貫穿型三種生態型，而且在食性上也有所區別，相對也應該可以理解，從野外挖到的蚯蚓絕大多數都是住在土裡的底層型蚯蚓，其食性多為植食兼土食性，甚至是土食性為主。所以，想要將這些野外挖回來的蚯蚓用來進行蚯蚓堆肥，無論是利用其消化家裡的果皮菜渣生廚餘，或是大量處理禽畜糞便等有機質廢棄物，是幾乎

不可行的。

從蚯蚓的生態型和食性上來看，住在土表枯枝落葉有機質或腐植質裡、並且以枯枝落葉殘花爛果等植物殘體為食的表層型植食性蚯蚓，顯然就是最適合用來進行蚯蚓堆肥的類群。進一步來說，為了能迅速處理大量的有機質廢棄物，用來進行蚯蚓堆肥的表層型植食性蚯蚓種類，最好還具有生活史短暫、繁殖快速、環境條件不嚴苛、能夠高密度飼養等特性才容易脫穎而出，得以大量人工養殖。

目前全世界 6000 多種蚯蚓中，僅有不到十種可成為國際間大量養殖，用以處理有機質廢棄物的種類，而這區區不到十種用在蚯蚓堆肥上的蚯蚓，也被稱為「堆肥蚯蚓」。

▶中南部農地裡常見的土後腔環蚓，屬於底層型土食性種類，即使帶回家消化果皮菜渣，牠也無能為力。

國際常見堆肥蚯蚓列表

學名	英文俗名	中文名稱
Eisenia fetida	Red worm Manure worm Brandling worm Tiger worm Panfish worm Trout worm Red wiggler	肥土艾氏蚓、惡臭艾氏蚓、赤子艾氏（愛勝）蚓、歐洲紅蚯蚓
Eisenia andrei	Red worm Manure worm Panfish worm Trout worm Red wiggler	安卓艾氏蚓、歐洲紅蚯蚓
Dendrobaena hortensis	European night crawler	歐洲夜蚯蚓
Eudrilus eugeniae	African night crawler	尤金真蚓、非洲夜蚯蚓
Perionyx excavatus	Blue worm Indian blue Malaysian blue	掘穴環爪蚓、印度藍蚯蚓
Dendrodrilus rubidus	Red wiggler Wiggler Pink worm Jumbo red worm Jumping red wiggler Trout worm Jumper Red wiggler worm Red trout worm	紅叢林蚓
Lumbricus rubellus	Red earthworm Red marshworm Angle worm Leaf worm Red wiggler	紅正蚓、紅蚯蚓

如果全世界僅有十種左右的堆肥蚯蚓，那麼在臺灣又有幾種堆肥蚯蚓呢？在臺灣，目前大量養殖的堆肥蚯蚓有三種，分別是歐洲紅蚯蚓（*Eisenia andrei*）、印度藍蚯蚓（*Perionyx excavatus*）以及非洲夜蚯蚓（*Eudrilus eugeniae*），而且多數的蚯蚓養殖場都是以這三種蚯蚓混養，通常是歐洲紅蚯蚓或非洲夜蚯蚓占數量上的優勢，然後摻雜了少許的印度藍蚯蚓。

不可否認，這三種蚯蚓都是典型的表層型植食性種類，因此能夠住在純有機資材如泥炭土、椰纖土、廢棄菇包、甚至豬牛羊糞便為主的基床中，並且以基材為食。然而，這三種蚯蚓除了表層型植食性的共同特性之外，在體型、溫度耐受範圍和行為上還是有相當程度的不同，若是能夠獨立養殖不混養，在效率與管理上應該是比較好的方向。

接下來，就讓我們從歐洲紅蚯蚓開始，仔細認識這三種堆肥蚯蚓吧！

歐洲紅蚯蚓成體不到 10 公分，身體也不粗，背部顏色看似深紅或鮮紅，所以叫牠紅蚯蚓也真的是名符其實。另外，因為體液裡頭帶有黃色分泌物，牠的身體後段通常會開始呈現黃色，越靠近尾部越明顯，而這樣的特徵甚至在歐

◀夜裡爬出基床四處遊走的非洲夜蚯蚓。

洲紅蚯蚓的幼體上就可看到，我們藉此能夠稍微區分牠和其他兩種堆肥蚯蚓的幼體。

不過，在鑑定蚯蚓種類上，體長、體型、體色和花紋終究只是參考，真要斬釘截鐵的判定種類，還是得依賴外觀上的環帶型態，以及腹面的生殖孔數量、位置、形態構造。所以在三種堆肥蚯蚓中，要判斷歐洲紅蚯蚓的最佳特徵是牠的環帶型態 —— 從第 25 節前後開始到第 30 幾節結束，共長 8 節，而且是個膨大的淺紅或淺栗色環帶。

▲尾部帶黃色、環帶膨大的歐洲紅蚯蚓，體型與體色可能會因為基材與環境而有些差異。

說到這裡，你可能會有些苦惱：如果要判斷環帶的位置和節數，難道是一節一節去算嗎？放心吧！因為歐洲紅蚯蚓的環帶位置處在這麼後面（第 25 節前後到第 30 多節），讓牠的環帶看起來離前端很遠，因此跟另外兩種堆肥蚯蚓，乃至於臺灣大多數的本土蚯蚓種類都很不一樣（環帶都在第 15 節附近）。所以，只要憑感覺去看手上蚯蚓的環帶大概是在第 15 節左右就出現，還是到第 25 節左右才開始，就可輕易判斷是不是歐洲紅蚯蚓了。

▲歐洲紅蚯蚓的環帶特寫。

歐洲紅蚯蚓生活史短且生產力高

為了因應待在表層而引來天敵捕食的風險，還有比起土裡相對劇烈的環境變化，如下雨、刮風、乾燥、淹水、酷熱、酷寒等因素，使得歐洲紅蚯蚓的生活史短、成長迅速、也生得多。從卵繭孵化後，歐洲紅蚯蚓只要 21 ～ 28 天就可以成熟，交配後兩天就能開始產卵繭，若環境適宜，每兩三天就會生下一顆卵繭，卵繭只要 18 ～ 26 天就可孵出小蚯蚓，孵化率有七到九成，而且每顆卵繭裡面平均有 2.5 ～ 3.8 隻的小蚯蚓，過去甚至曾經記錄到一顆卵繭有高達 12 隻的小蚯蚓。綜合來看，只要 45 ～ 51 天就能產生下一個世代。

令人驚訝的是，在人工養殖環境下，歐洲紅蚯蚓的壽命平均有 600 天左右，過去記錄到最長壽命可達四年半到五年。這種驚人的生活史特性，讓歐洲

▲歐洲紅蚯蚓的卵繭（上）與蚓糞（下）。

紅蚯蚓簡直就如江水般洶湧而出，跟著人類散播到世界各地的養殖場去，收拾人類造成的殘局。不過，歐洲紅蚯蚓畢竟是來自溫帶氣候的種類，牠能夠忍受低溫，在攝氏 0 ～ 35 度的範圍都可適應，最適溫度是攝氏 25 度；能夠忍受的溼度是 70% ～ 90%，最適合的溼度則是 80% ～ 85%。因此，若在臺灣這種夏天動輒 35 度以上的高溫，再加上豔陽曝晒，歐洲紅蚯蚓就撐不太住了。

歐洲紅蚯蚓在臺灣，放生即放死

說到這裡，就不得不提放生的事情。歐洲紅蚯蚓這種不耐高溫乾燥和烈日，又需要豐富有機質的溫帶種類，在臺灣這種環境其實是難以存活的。這也是為什麼歐洲紅蚯蚓自 1970 年代末引進臺灣四十多年來，雖然有信眾不斷的大量購買放生，卻始終無法在臺灣野外建立起族群。畢竟臺灣野外對牠們來說實在是太乾又太熱了，再加上地表沒有足夠肥

TIPS. 釣具店的紅蚯蚓是指歐洲紅蚯蚓嗎？那黑蚯蚓又是什麼呢？

在釣具店買蚯蚓，可以有「紅蚯蚓」與「黑蚯蚓」兩種選擇，這其中的紅蚯蚓並不等於歐洲紅蚯蚓，反而比較接近「堆肥蚯蚓」的意思。在臺灣，一直都把堆肥蚯蚓稱為紅蚯蚓，可能是因為一開始從日本引進養殖的堆肥蚯蚓就是歐洲紅蚯蚓這個種類，因此使用「紅蚯蚓」這名稱來稱呼堆肥蚯蚓乃情有可原。然而經過了數十年，現在在臺灣養殖的堆肥蚯蚓已經有三種，而且歐洲紅蚯蚓也不再是數量上最優勢的堆肥蚯蚓種類，那麼以「堆肥蚯蚓」這個精確可懂的名稱來稱呼大量養殖的堆肥蚯蚓種類，而不再用「紅蚯蚓」這個只有顏色和約定俗成的意涵，應該是比較好的做法。

話說回來，跟「紅蚯蚓」相對的「黑蚯蚓」，其實也就是不屬於堆肥蚯蚓、生活在土壤中並且通常體色較深的諸多蚯蚓種類之通稱。在釣具店裡面買到的黑蚯蚓，據調查都是從土壤中挖掘而來，不屬於人工養殖的蚯蚓種類，而且包含了好幾種底層型、土食性為主的蚯蚓，通常以土後腔環蚓（*Metaphire posthuma*）為最常見的大宗。

沃的有機質可以吃住，當歐洲紅蚯蚓被放生團體放至野外，只能是個無法在臺灣落地生根的外來種，注定魂歸西天。如果放生到農田裡而死亡，當作肥料也就罷了，但偏偏通常是放生到野外去，這對無端承受一堆必死蚯蚓的野地，以及對被放生的歐洲紅蚯蚓來說，實在沒有好處，大概只有賺錢的蚯蚓養殖業者加上自我說服的放生團體會受益而已。

在臺灣成為後起之秀的非洲夜蚯蚓

接下來要介紹的堆肥蚯蚓有個赫赫有名的英文俗名叫做 African night crawler，在國外的堆肥蚯蚓資訊裡甚至直接縮寫成 ANC，由此可見牠普及且有名的程度。根據這英文俗稱，我們直翻可稱牠「非洲夜蚯蚓」，簡單又好記。

各位讀者或許好奇，非洲夜蚯蚓這俗稱聽起來相當神祕，爲何會得此名呢？其實說穿了也沒什麼，非洲夜蚯蚓顧名思義就是從非洲來的種類，在臺灣當然屬於外來種。其次，這種蚯蚓晚上常常會爬出來到表面亂走，因此英文俗稱 Night Crawler，中文則稱「夜蚯蚓」，這樣的習性讓牠比起歐洲紅蚯蚓，在養殖管理上或許更需要留心一些。

▲非洲夜蚯蚓具有晚上喜歡爬出基床在外遊蕩的習性。

非洲夜蚯蚓，體型稱霸三種堆肥蚯蚓

提到非洲夜蚯蚓的特徵，首先是牠的體型明顯比歐洲紅蚯蚓大很多，而且也是臺灣三種堆肥蚯蚓中體型之最。非洲夜蚯蚓一般體長 9 ～ 19 公分，幾乎是歐洲紅蚯蚓的兩倍，而且在養殖狀況良好時，甚至可長達 25 ～ 40 公分。當然，寬度上也比另外兩種堆肥蚯蚓大上一號，因此光是以體型來區分，碩大的非洲夜蚯蚓就已經夠搶眼了。另外，非

洲夜蚯蚓的身體越靠近尾端會漸漸變得細而扁，和粗大前端相比顯得有點營養不良的感覺，這也是牠在體態上可供鑑定的特徵。

在體型以外，非洲夜蚯蚓的體色呈紅褐、藍紫或偏黃，但無論如何，這體色到了變細變扁的尾端都會變淡，因此尾部看起來半透明，營養不良的感覺又更重了點。此外，非洲夜蚯蚓身上會有強烈的藍紫色虹彩物理色，而且是在前端比較顯眼。

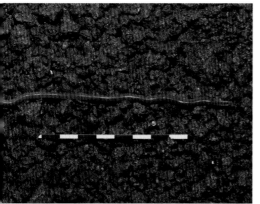

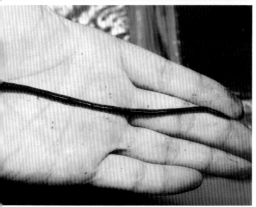

▲非洲夜蚯蚓的體型碩大，十幾公分的體長或達成年男性手掌長度乃稀鬆平常之事。

▲飼養狀況良好的非洲夜蚯蚓長度甚至達成年女性的前臂長。

▲非洲夜蚯蚓身體表面具有明顯的虹彩物理色。

◀非洲夜蚯蚓的身體越靠近尾端會越細扁，且體色漸淡，跟身體前段呈明顯對比。

最後，若想要好好的鑑定非洲夜蚯蚓，不可避免還是得回到環帶型態、位置和雄孔構造上。不像歐洲紅蚯蚓環帶從第 25 節之後才開始，非洲夜蚯蚓的環帶是在比較靠近前端的位置，精確的說，是從第 13 和 15 節之間開始，到第 18 節結束。不過，非洲夜蚯蚓的環帶也會膨大，這就跟歐洲紅蚯蚓類似。至於雄孔構造，非洲夜蚯蚓雄孔的獨特之處在於其中有鉤狀的陰莖，交配時可以伸出來插入對方的受精囊孔，而且受精囊孔和雌孔也癒合共享一對開口，這在蚯蚓種類中是非常少見的特例。

▲ 非洲夜蚯蚓的環帶膨大且靠近身體前端（上），而環帶腹面的雄孔裡有鉤狀陰莖，伸出來時明顯可見（下）。

非洲夜蚯蚓，熱帶出身超會生

非洲夜蚯蚓是熱帶種類，可接受的溫度在攝氏 16 ～ 32 度之間，最適溫度則是 25 度。雖是熱帶出身的種類，不耐寒很合理，但卻意外的稍不耐熱，在 30 度以上，生長繁殖效率就開始下降，12 度以下或 30 度以上都會讓幼體死亡。至於溼度，非洲夜蚯蚓偏好高溼環境，最適合的溼度是 80%，溼度在 70 ～ 85% 之間對牠來說如魚得水。

還有，非洲夜蚯蚓雖然體型碩大，但其實生活史和歐洲紅蚯蚓頗接近。非洲夜蚯蚓壽命有一到三年，但從卵繭孵化後的幼體，快的話只要 35 ～ 50 天就可成熟，交配後最快一天就能開始產卵繭，平均每兩天就能生下一顆，而且一次交配就可以在往後 300 天中持續產卵繭。根據文獻，非洲夜蚯蚓的卵繭可在 12 ～ 16 天就孵化，孵化率 75 ～ 85%，且每顆卵繭裡面平均有 2 ～ 2.7 隻幼體，最高記錄是一顆卵繭孵出 8 隻幼體，頗為多產。

▲非洲夜蚯蚓的卵繭呈不規則梭形，表面凹凸還經常黏著基材，因此不太顯眼。

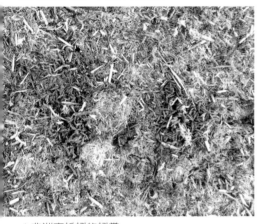

▲非洲夜蚯蚓的蚓糞。

綜合來看，非洲夜蚯蚓這麼大一隻只要 50～70 天就可產生下一個世代，而體型只有一半大小的歐洲紅蚯蚓（45～51 天）則稍慢了點。若比較族群數量翻倍增長速度，非洲夜蚯蚓其實是臺灣三種堆肥蚯蚓中最快的。根據印度的報告，只要 90 天非洲夜蚯蚓的數量就可增長為 18 倍，比起印度藍蚯蚓（14 倍）和歐洲紅蚯蚓（12 倍）都來得快。

非洲夜蚯蚓，近年偷偷引入臺灣還混養

如同歐洲紅蚯蚓，非洲夜蚯蚓也是個歷史悠久的養殖種類，早早就被人類大量繁殖，攜帶到世界各地使用。自 1867 年被命名後，不過是四十年光景，非洲夜蚯蚓就從原產地西非地區（幾內亞灣海岸周邊的國家如獅子山、賴比瑞亞、象牙海岸、迦納、多哥、奈及利亞、加彭、喀麥隆、剛果等），在人類的協助下擴散到整個赤道非洲區域以及印度。然後過了一百年，又繼續引入北中南美洲、歐洲、澳洲以及東南亞如菲律賓、印尼、泰國、馬來西亞和越南。

根據訪查到的線索，在 2012 年前後，非洲夜蚯蚓就被本地的蚯蚓養殖業者私下從美國和東南亞引進臺灣了。

姑且不論這私下引進生物養殖的違法行為，更令人不解的是，引入的蚯蚓養殖業者居然把非洲夜蚯蚓跟原本養殖的歐洲紅蚯蚓混在一起出貨，甚至混養。就因為引進非洲夜蚯蚓的始作俑者一念之間，使得全臺各地不知情的蚯蚓養殖場和家庭養殖箱中，在本來的歐洲紅蚯蚓裡，幾乎都混入了或多或少，甚至過半數的非洲夜蚯蚓。

在臺灣，原本的堆肥蚯蚓大宗是溫帶來的歐洲紅蚯蚓，這十年來卻混進了熱帶種的非洲夜蚯蚓，兩者需要和偏好的環境條件不盡相同，再加上非洲夜蚯蚓的習性就是喜歡晚上出來四處活動，飼養箱如果沒有蓋好防逃則會爬出來，隔天早上就滿地蚯蚓，此習性跟相對乖順不亂跑的歐洲紅蚯蚓大相逕庭。一旦混在一起飼養出貨，恐怕造成不少後續管理的困擾與困惑。

更需一提的是，非洲夜蚯蚓徹頭徹尾是個剛進國門的外來種，未來會像歐洲紅蚯蚓一樣乖乖待在養殖場中勤奮工作不外逃，還是一不小心就會逸出到野外建立族群，甚至出現危害變成入侵種，還是個未定之數。

非洲夜蚯蚓，入侵臺灣野外生態的隱憂

最令人擔心的是，非洲夜蚯蚓既然是個熱帶種，又是個移動能力不錯、晚上活動力強的種類，萬一逸出養殖場，很可能可在同為熱帶亞熱帶的臺灣野外存活下來。和同樣是外來種，無法在臺灣生存的歐洲紅蚯蚓相比，看似對溫度、溼度的需求差不多，但研究顯示非洲夜蚯蚓比較有能力鑽到土壤中生活，而且也可以適應多樣的土壤類型，使得牠逸出後建立野外族群、入侵臺灣原生環境的機會大增。若是養殖場在使用上不加以小心自律，難保非洲夜蚯蚓會逃逸或隨著蚓糞肥夾帶逸出，再加上臺灣常有放生團體買蚯蚓四處放生，屆時非洲夜蚯蚓將可能成為新的逸出外來種。

或許有人認為不過是蚯蚓，逸出了又會如何呢？的確，非洲夜蚯蚓的野外族群已可在中美洲的高溼、高肥地方，如瀑布和河床周圍發現，南美洲的花園、菜園、果園也可見，佛羅里達州的某些湖邊也因為釣客隨手亂倒未使用完畢的的釣餌而有了非洲夜蚯蚓的分布，這些

▲養在戶外而且沒有做任何防逃措施的蚯蚓養殖區，很容易就讓非洲夜蚯蚓逸出到野外。

地方目前似乎沒有看到什麼影響。但是，就算不像福壽螺那樣在幾年內馬上帶來嚴重衝擊，逸出的外來蚯蚓也可能造成長期而緩慢的負面影響。例如臺灣滿地都是的嚴重入侵種黃頸蜷蚓，就默默的讓土壤品質劣化；北美洲的森林也因為幾百年前的歐洲引入種而更新遲緩甚至轉為草原，並且間接影響森林底層的蠑螈族群，以及其他可能的後續捕食者。

很多時候，外來種所造成的影響只是我們不知道或是難以察覺，並不代表不存在。所以，外來種的事情從來就是賭不得的，誰也不敢保證非洲夜蚯蚓如果在臺灣逸出並入侵會帶來什麼後果。不要逸出養殖場入侵野外是最好，但萬一發生了，就只能祈禱牠真的沒有任何負面影響，否則大家必然要一同承受這個「歷史共業」了。

▲黃頸蜷蚓，知名的世界廣布入侵種，在臺灣常見於公園、校園等人工環境裡。

TIPS. 什麼是外來種？什麼是入侵種？

所謂的外來種，是指人類刻意或無心的引入到原生地之外的物種。由於人類在世界各地活動交流頻繁，讓許多生物得以突破自然的地理障礙，拓展到原生地以外的範圍。也因此，在我們的生活中外來種其實俯拾即是，例如常見的番薯、鳳梨、玉米、花生、水牛、黃牛、喜鵲、野鴿、琵琶鼠魚都不是原產於臺灣，而是被人類引進臺灣的外來種。

許多外來種在我們日常生活中其實扮演著重要且有益的角色，然而也有不少外來種對所引入的環境和人類有明顯的負面衝擊，這樣就會被界定為入侵種。在臺灣，布袋蓮、銀合歡、小花蔓澤蘭、非洲大蝸牛、福壽螺以及埃及聖䴉，都是赫赫有名的入侵種。

可能屬臺灣原生種或歸化種的印度藍蚯蚓

如同前兩種堆肥蚯蚓，最後這一種蚯蚓也是因為英文俗名叫做 Indian blue，所以中文俗稱就叫牠「印度藍蚯蚓」，簡單又好記。

值得一提的是，雖然這種蚯蚓是以印度為稱號，但那是因為牠最初的發現地點在印度，所以英文俗名就以印度為稱呼。實際上這種蚯蚓的原產地從南亞的印度、孟加拉一路延伸到東南亞的中南半島、菲律賓和印尼，因此在東南亞也被稱為「馬來西亞藍蚯蚓」（Malaysian blue），然而稱呼沒有那麼常見就是了。

總之，並不是叫做「印度」藍蚯蚓就表示牠一定是外來種，此僅是當初首次發現時給的名字而已。

既然印度藍蚯蚓的分布從南亞一路綿延至東南亞，甚至來到了菲律賓跟印尼，那麼牠在臺灣有自然分布也不是什麼意外的事情了，而且早在 1930 年代，在臺的日本蚯蚓學者就已經發表了印度藍蚯蚓的記錄。根據上述證據和線索，印度藍蚯蚓有可能是臺灣的原生種或者是數百年前就來到臺灣的歸化種，而不像歐洲紅蚯蚓或非洲夜蚯蚓那樣，是明確已知被人為刻意引進的外來種。

▲印度藍蚯蚓身形修長且均勻。

印度藍蚯蚓長什麼模樣？

印度藍蚯蚓的體型通常跟歐洲紅蚯蚓差異不大，一般而言也是 10 公分左右，但是有能力長到十幾公分，因此有時是稍長了點，而且，明明長度稍長，但寬度頂多還是跟歐洲紅蚯蚓不相上下，甚至更細瘦了些，所以整體來看，

▲印度藍蚯蚓的背中線，在體色較深的個體經常不易觀察。

印度藍蚯蚓會有點「細長」或「瘦長」的感覺。此外，牠們的頭尾尖尖，跟歐洲紅蚯蚓比較鈍圓的頭尾也相當不一樣。

至於體色，那就是印度藍蚯蚓比較尷尬的特徵了。印度藍蚯蚓的體色差異很大，從深褐色、深紫色、深紅色、鮮紅色、紫色、淺紅色，甚至土黃色都有，所以體色實在很難作為印度藍蚯蚓的特徵。另外，印度藍蚯蚓在背中央有一條明顯的直線從頭通到尾，但在體色很深的個體上，這條背中線也非常不容易看到，可能只有在尾部顏色比較淺的地方若隱若現。無論如何，臺灣現有的三種堆肥蚯蚓中，只有印度藍蚯蚓會有明顯的背中線，其他兩種則看不到背中線。

以上，體色都講完了，但說好的藍色呢？其實，印度藍蚯蚓的藍並不是在講體色的藍，而是牠的體表會有耀眼的藍色繞射光澤。但是，這種繞射光澤也不是一定都有，生活在潮溼環境的個體其藍色繞射光澤的確耀眼，但生活在乾燥環境的個體就不太容易出現這樣的光澤。也就是說，這跟印度藍蚯蚓的體色一樣，不是一個非常穩定的外觀特徵。如果各位讀者還記得的話，非洲夜蚯蚓體表也是有漂亮的繞射光澤，所以再次強調，體表的藍綠耀眼反光可不是個專

屬於印度藍蚯蚓的特徵，請不要誤解了。

　　到頭來在蚯蚓的鑑定上，這些體長、體寬、顏色、花紋、光澤等外觀特徵其實都不穩定，真正斬釘截鐵的鑑定特徵，還是要回到形態結構上才好。就像之前鑑定歐洲紅蚯蚓和非洲夜蚯蚓所提的一樣，要鑑定印度藍蚯蚓還是要去看牠的環帶位置以及形態。印度藍蚯蚓的環帶是一段淺色的區域，不會比身體膨大，而且位在第 13 ～ 17 節。當然，不用真的去數，瞄一眼感覺一下環帶的位置是不是在第十幾節的地方就開始，就能把印度藍蚯蚓跟歐洲紅蚯蚓區分開了。話

說回來，印度藍蚯蚓跟非洲夜蚯蚓的環帶同樣位於 10 幾節左右，又該怎麼區別呢？其實也只要看看環帶是否膨大和分節就行了：印度藍蚯蚓的環帶不膨大且有分節，而非洲夜蚯蚓的環帶則是膨大但不分節，藉此區分兩者應該輕而易舉才是。

▲印度藍蚯蚓體表的漂亮藍色繞射光澤，但這並非印度藍蚯蚓獨有的特徵。

▶印度藍蚯蚓的環帶不膨大且有分節，顏色明顯較淺，位於第 13 ～ 17 節。

在臺灣，印度藍蚯蚓之所以在養殖場中出現，很可能並不是因為人為刻意養殖，而是牠偷偷跑進去堆置或堆肥中的基材，然後被夾帶進養殖場的結果。因為牠早就存在臺灣的野地裡，尤其在農地上的潮溼堆肥、居家周圍微臭的水溝積土、畜牧場的成堆糞渣周邊或腐爛草堆中都可大量發現。所以，打從臺灣開始有人大量飼養堆肥蚯蚓時，印度藍蚯蚓可能就偷跑進室外堆置的基材中快樂吃喝，然後跟著基材一起被送進室內的蚯蚓養殖場裡，成了養殖堆肥蚯蚓之一，這也是很合理的推測。就好像養雞場裡混進一些大膽的斑鳩一樣，也不是什麼意外的事情。

▲在臺灣野外生活的印度藍蚯蚓。

▲純養的印度藍蚯蚓取食牛糞排出後的細碎蚓糞。

▲肉牛場與乳牛場裡堆置的牛糞經常可見印度藍蚯蚓。

雖然印度藍蚯蚓在臺灣的三種堆肥蚯蚓中屬於極少數，但印度藍蚯蚓其實也是一個養殖歷史悠久的種類。牠和歐洲紅蚯蚓一樣也是表層型的蚯蚓，而且因為牠原產於南亞，所以對於溼熱氣候是如魚得水，因此在印度、菲律賓和澳洲這些熱帶國家都被用來處理堆肥。最適合印度藍蚯蚓的溫度是攝氏 25 ～ 37 度，因此 30 度以上的炎熱環境對牠不成問題，倒是溫度低於 15 度就不利生長，降到 4 度則勉強存活。牠也喜歡高溼的環境，偏好 80% 左右的溼度，甚至可以在微臭的水溝底泥中成群發現。

此外，印度藍蚯蚓的生活史短、成長迅速、也生得多，和歐洲紅蚯蚓的好用程度不相上下。雖然印度藍蚯蚓的卵繭裡面基本上只會孵出一隻幼體，極少數情形才會孵出兩三隻幼體，但從卵繭孵化以後只要 20 ～ 28 天就可以成熟，交配後若環境適宜，每天可以生下一顆甚至近三顆卵繭，而且卵繭只要 18 天左右就可以孵化，孵化率有九成。綜合來看，印度藍蚯蚓只要 40 ～ 50 天就可以產生下一個世代，繁殖的速率比歐洲紅蚯蚓是有過之而無不及。不過，印度藍蚯蚓的壽命似乎沒有人研究過，但猜想應該平均也有一至兩年左右吧。

印度藍蚯蚓這麼好，不用嗎？

說到這裡，印度藍蚯蚓應該是個非常值得投資養殖的堆肥蚯蚓種類才對。牠耐受臺灣的溼熱環境，在許多熱帶國家也早就被用來處理廚餘堆肥，且至少是臺灣的歸化種，即使養到逸出也無妨。

◀印度藍蚯蚓的卵繭，細小且經常黏著基材碎屑，因此不易發現。

甚至，放生印度藍蚯蚓這種在野外可以存活的歸化種，也比放生即放死的歐洲紅蚯蚓，或是可能造成入侵風險不明的非洲夜蚯蚓來得安心。

若說印度藍蚯蚓有什麼缺點，大概就是牠的活動力旺盛，遠比歐洲紅蚯蚓更不安於室，比較容易亂跑逃走。但相較於晚上就喜歡出來遛達的非洲夜蚯蚓，印度藍蚯蚓可能還沒有那麼惡名昭彰才是。總之在大規模養殖時，或許要更加控制好環境與基材的條件，才能避免印度藍蚯蚓不受控制經常脫逃。

三種堆肥蚯蚓有別，純養才能展現各有所長

自從 2016 年筆者在臺灣各地開設多場養殖蚯蚓鑑定工作坊之後，值得慶幸的是歐洲紅蚯蚓、印度藍蚯蚓與非洲夜蚯蚓這三種堆肥蚯蚓的名號終於漸漸深入人心。許多蚯蚓買家已經開始注重自己手上的堆肥蚯蚓屬於哪個種類，除了指定購買較為安分且無入侵疑慮的歐洲紅蚯蚓之外，也有越來越多消費者希望購買屬於臺灣本土的印度藍蚯蚓，並期望避免入侵風險未明的非洲夜蚯蚓混雜其中。也因為這樣的風氣轉變，過去那種不論堆肥蚯蚓種類、一概混雜出貨，

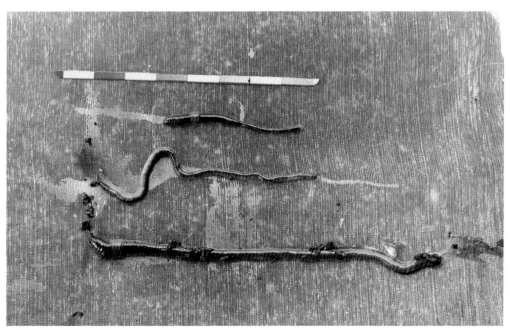

▲三種堆肥蚯蚓體型比較，由上而下為歐洲紅蚯蚓、印度藍蚯蚓、非洲夜蚯蚓。

▶ 三種堆肥蚯蚓環帶位置與形態比較，由左至右為非洲夜蚯蚓、印度藍蚯蚓與歐洲紅蚯蚓。

並且和稀泥稱之「太平2號紅蚯蚓」的狀況已經少之又少，有些蚯蚓養殖場開始將手上混雜飼養的三種堆肥蚯蚓分開純養，另外，一些後起之秀的蚯蚓養殖場甚至也嘗試純養、純賣印度藍蚯蚓，這樣的市場風氣轉變，實在令人欣慰。

畢竟，歐洲紅蚯蚓、印度藍蚯蚓與非洲夜蚯蚓雖均屬於堆肥蚯蚓，但原產地分屬於溫帶與熱帶，體型、生殖潛能、行為也都有差別，要說彼此間沒有一點環境條件要求上的差異，實在令人難以相信。既然知道三種堆肥蚯蚓的確種類不一樣，而且分類上的差異可是「科」級的不一樣，有如狗、貓、浣熊三者之間那麼大的差異，混在一起飼養實在是說不過去。要說各自有什麼長處，一定是分辨了彼此之後各自純養，才能夠彰

顯出來。

更何況，這三種堆肥蚯蚓之間的外形差異也很明顯，只要用肉眼確認體型以及環帶位置和形態來區別即可，絕對是各位讀者可以輕鬆辨別的程度：歐洲紅蚯蚓的體型最小，環帶膨大且位於第25節之後；印度藍蚯蚓體型居中，環帶不膨大且位於第13～17節；而非洲夜蚯蚓則是體型最大，環帶膨大且跟印度藍蚯蚓位於差不多的位置。這麼簡明易懂的區別方式，還怕分辨不了這三種堆肥蚯蚓嗎？

Chapter4.

傳説中的「太平2號紅蚯蚓」

前面章節說明了蚯蚓堆肥的基本概念，也仔細介紹了可以用來做蚯蚓堆肥的三種堆肥蚯蚓。然而可能有些曾經接觸蚯蚓養殖相關資訊的讀者會有這樣的疑惑：

「聽說臺灣養殖的蚯蚓品種叫做太平２號，怎麼沒有介紹到？」

是的，太平２號這個名稱的確歷史悠久，過去也在臺灣的蚯蚓養殖圈裡朗朗上口。但是自從 2016 年筆者開始推動三種堆肥蚯蚓的鑑定與正名之後，令人慶幸的是這個名稱應該已經漸漸式微了。不過話說回來，這個名稱背後的歷史糾葛還挺有趣的，讓我們細細爬梳。

太平２號，日本雜交出來的特殊品種？

在 2016 年以前，若是問到在臺灣的蚯蚓養殖種類，多半都是得到「我們養的是紅蚯蚓」這樣的回答。再多問一點，則幾乎都是說「我們養的是太平２號這個品種的紅蚯蚓」。只是，太平２號這名稱聽起來跟長江七號一樣具神祕感，而且這種幾號幾號的命名法，聽起來有如「臺農 71 號」、「桃園３號」的稻米品種名稱一樣的精確，令人難以存疑。

如果對照臺灣、中國跟日本的資料，

大家都說太平２號紅蚯蚓是由日本雜交出來的品種；這種說法要類比的話，我想意思就跟柴犬是在日本培育出來的品種一樣。更進一步用「太平２號」搜尋網路，你會發現所有華人地區的中文相關網頁資料裡頭，都說太平２號紅蚯蚓乃是日本花蚯蚓跟美國紅蚯蚓雜交而來的品種。若是用「太平２号 ミミズ」作為日文關鍵字查詢，也可以找到類似的說法，但搜尋結果非常少，顯然這個說法在日本根本非常罕見。

不管怎麼說，這個說法聽起來似乎很厲害，由日本花蚯蚓跟美國紅蚯蚓雜交出來的新品種耶，真的這麼神奇？

只不過，日文資料中透漏了一些端倪：中文網頁裡所謂的日本花蚯蚓乃是シマミミズ的翻譯，原意是「縞蚯蚓」，「縞」在日文中是「條紋」的意思，而縞蚯蚓就是指日本國內廣布的赤子艾氏蚓（*Eisenia fetida*）。至於美國紅蚯蚓呢，八九不離十乃是老早就從歐洲引入美國養殖的赤子艾氏蚓。所以到頭來，聽起來很威的「日本花蚯蚓跟美國紅蚯蚓雜交」，其實根本只是兩地的赤子艾氏蚓通婚而已，沒有什麼跨物種雜交出新品種這回事。

蚯蚓交配很挑，根本難以跨種雜交

先前曾經提到，蚯蚓交配其實非常謹慎又挑剔，就算是同種的蚯蚓交配，還會挑選體型相近的個體。因為交配的兩隻蚯蚓必須將雄孔與受精囊孔相對，體型上的差異不能太大才能順利自然的進行，否則就算其中一方特地延展或委身相就，身體寬度可能也難以相合而導致精子傳送效率降低或失敗。此外，每一種蚯蚓的雄孔和受精囊孔都各有不同，就像是鑰匙跟鎖頭那樣的配對關係，再加上交配過程中雙方的雄孔和受精囊孔都必須相對，於是形成了兩套鑰匙跟鎖頭都要配對成功的雙重保險機制。

因此，跨物種的雜交對蚯蚓來說，就等於要突破兩套雙重保險機制，還得

▲蚯蚓交配時，雄孔與受精囊孔就像兩套鑰匙與鎖頭的配對，讓跨種雜交基本上不可能發生。

要考慮兩種蚯蚓之間體型上的差異，基本上就是不可能的任務。再者，日本花蚯蚓跟美國紅蚯蚓也只是同一種蚯蚓而已，兩地族群通婚也不是什麼大不了的事。

太平2號，也不是個真正的品種

退一步而言，有些讀者或許會問：「就算是日本跟美國兩地的赤子艾氏蚓族群交配，難道就不能從中培育出新品種嗎？誰敢說當年認真的日本人沒有從兩地的赤子艾氏蚓族群裡面，培育出一個新的蚯蚓品種呢？」

很不幸的，答案還是不行。日本人再認真，當年也不可能培育出蚯蚓的品種。

根據定義，品種必須要有穩定而且一致的表型、行為、以及／或者其他特徵，讓牠和同種其他個體可以區別。這當然也符合我們對於品種的概念，就好像柴犬外型相似，個性上、行為上都有其獨特之處，這些特徵都是我們可以輕易區別，也是穩定又可以遺傳的。

當我們把這個品種的定義放到蚯蚓上，第一個問題就是當時乃至現在的部分蚯蚓養殖業者，對蚯蚓的特徵其實並

▲一個明確的品種必須像柴犬這樣，其特徵都是穩定一致、明確可辨且可以遺傳的。

沒有足夠的了解，不知道什麼特徵是在一種蚯蚓的個體間會有相當變化或穩定不變，甚至連不同種的蚯蚓之間有什麼特徵上的差異也搞不清楚。因此，在這樣薄弱的基礎上，要宣稱什麼自己培育／雜交出不同的品種，其實是非常不可信的。常見的狀況是宣稱培育出不同的品種，但卻也說不出自己這個品種的蚯蚓跟別人的同一種蚯蚓有何明顯差別，或者說出來的盡是一些本來就非常有變化的差異，例如吃得比較快啊、比較好動啊、比較大隻啊、比較紅或黑啊等等，甚至根本只是不同種的蚯蚓混養造成的狀況而已，這樣又怎能稱得上品種呢？

▲歐洲紅蚯蚓餵食豬糞渣，體型大了一點可能就又號稱培養出新品種了。

再者，若認真理解動植物培育品種的方式，其實也可以想像為什麼沒有蚯蚓品種這回事。真的要培育品種，理應挑選特定表型的個體出來繁殖或純化，例如短腿狗配短腿狗，越配腿越短，最後就成了科基犬或臘腸狗。無論什麼動物，在培育的目標特徵穩定下來並有明顯差別前，絕對是個漫長又繁瑣的過程，蚯蚓品種培育上也該是如此。但偏偏堆肥蚯蚓經常一養就成千上萬條，宣稱培育出蚯蚓品種的人恐怕都沒有真的找出特定表型的個體來繁殖或純化，而只是「感覺起來這一群有點不一樣」就說是個品種，畢竟如此宣稱比較好聽、威猛又神奇，商業上也比較有噱頭。到頭來，這些所謂的品種很可能都只是因為提供的環境或食物有些差別，或甚至根本是混雜了不同種的蚯蚓，而讓整群蚯蚓有些不同的表現罷了。

更何況，放眼網路之海，同樣都是蚯蚓養殖資訊分享，英文的蚯蚓網頁資料裡從未出現任何蚯蚓品種（無論是 Breed 或 Strain）的說詞，現在的日文網頁資料也罕有提及「太平2號」或任何的品種說詞，只有中文網頁資料還在不斷宣稱自己的蚯蚓是太平2號、大平3號、北星2號等各式各樣的品種。試想，若真的有培育出蚯蚓品種的可能，照理

說蚯蚓品種應該在各種語言的網頁資料中遍地開花才對，沒道理只有華人世界鶴立雞群、超英趕美，獨霸蚯蚓品種培育的能力。因此合理的推斷，蚯蚓品種一說應該是大有問題的。

太平 2 號？大平 2 號？

各位讀者看到這裡，應該可以理解太平 2 號並不是一個跨種雜交出來的蚯蚓品種，也不是一個從赤子艾氏蚓裡面挑選特定特徵培育出來的品種，它不過就只是赤子艾氏蚓這一種蚯蚓，被封了一個如同長江一號的神祕名稱而已。

更有趣的是，這個名字還經常「有一點」不一樣。

在中文的相關網路資料中，有些臺灣的網頁寫的是「太」平 2 號，另一些中國的網頁寫的卻是「大」平 2 號，也有些中文的網頁乾脆兩者並列，就這麼「一點」差異，到底哪個名字是對的呢？

可惜的是，關於命名，無論是臺灣或中國的中文網頁上都沒有提及當初命名的緣由，反而是少數幾個日文網頁提到了太平 2 號當初是在「大平總理大臣」時代，從日本輸出到中國的蚯蚓品種，因此冠上正式名稱為「太平 2 號」。

「⋯このミミズは大平総理大臣の時代に日本が中国へタネミミズを輸出し、養殖されたものを輸入したもので正式な名称を総理の名を冠して太平 2 号といい⋯」

雖然只有幾個網頁這樣說，沒有其他的資料可以佐證，但我們先姑且相信這樣的說法。這樣的資訊透漏了太平 2 號是在日本的大平正芳總理大臣在位時（1978 ～ 1980 年）引進中國的，但詭異的地方是，明明人家就姓「大」平，為什麼蚯蚓冠了名之後要多那一點呢？

此外，在其中一個網頁底下的日本網友留言表示，日本人才不會用總理大臣的名字去命名蚯蚓品種，所以這個名字應該是中國人命名的。

「⋯太平 2 号って中国が名付けたんだろう

日本人はミミズに総理大臣の名前など付けないからな」

先前也提過，用「太平 2 号 ミミズ」作為日文關鍵字查詢網路的結果非常少，顯然「太平 2 号」這個用法在日本已經非常罕見，幾乎只有跟釣餌品牌「熊太郎」有關的網頁才會出現。因此

我們合理推測這個用法在日本幾乎沒什麼人在使用，而且說不定就因爲這名字根本就不是日本人取的，所以在日文資料中出現的次數少之又少。

圖書館裡的舊剪報怎麼說

是說，網路上看來看去也沒有太平／大平哪個正確的答案，或許因爲網路畢竟是 1990 年代才出現的東西，在那之前的資料不一定有數位化，因此，我們還是需要上圖書館去找找過去的記錄，才可能得到更多的資訊。

有趣的是，從 1950 年開始到 2000 年，臺灣的報章雜誌上提到養殖蚯蚓的報導當中，「太平 2 號」這個名稱只明確出現過一次，就在《實業世界》雜誌 1976 年元月分〈爛泥堆裡的企業〉這篇報導裡頭。文中還提到了「太平 2 號」的來由：由日本「太平物產公司」培養出來的種蚯蚓。但這個說法也就這麼前無古人，後無來者的曇花一現，從此在紙本資料中再無蹤跡。

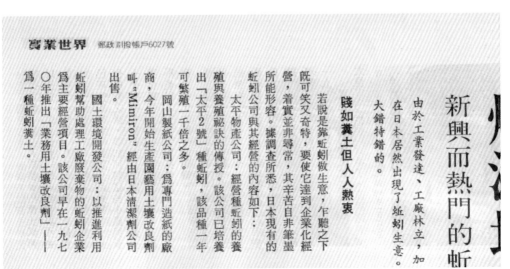

▲《實業世界》雜誌 1976 年元月分〈爛泥堆裡的企業〉這篇報導提到了「太平 2 號」。

話雖如此，1977 年 3 月 5 日《聯合報》第九版「養殖紅蚯蚓的一股熱潮」，以及同年 6 月 21 日《經濟日報》第十二版「養殖蚯蚓的鍾信男」兩篇報導中，不約而同都提到了「日本市場銷售的（Red worm No. 2）」這樣的蚯蚓名稱；另外，在 1978 年 1 月 11 日《中央日報》第六版「養殖蚯蚓要三思」一文中，該文作者描述當時的紅蚯蚓養殖熱潮，並引述「……純種太平 X 號徵購……」這樣的分類廣告標題。或許我們可以大膽一點，姑且認定這些都是「太平 2 號」猶抱琵琶半遮面的現身方式，但這幾篇報導也沒有討論這個名稱的由來，所以能提供的資訊也僅只於此。

▲ 提及紅蚯蚓 2 號（Red worm No. 2）的 1977 年 3 月 5 日《聯合報》第九版剪報。

除了報章雜誌外，臺灣過去與蚯蚓相關的書籍出版品中，也只有 1977 年由臺大碩士吳宗正先生出版的《經濟蚯蚓養殖》，裡頭除了收集一些 1977 年以前的剪報之外，作者撰寫的正文當中也沒有提及太平 2 號或是任何品種名稱。

▲ 提及太平 X 號紅蚯蚓的 1978 年 1 月 11 日《中央日報》第六版剪報。

▲ 臺大碩士吳宗正著作，1977 年出版的《經濟蚯蚓養殖》。

反觀中國的書籍資料，裡頭倒是多次提到了由日本引進「大平2號」來飼養的記錄。尤其在1980往後的幾年之間，中國各地出版了多本蚯蚓養殖技術相關的書籍（而且不意外的彼此雷同之處超級多），裡面都提到了大平2號的品種名稱，也說到了「大平2號和北星2號同屬於赤子愛勝蚓」這樣的分類資訊，甚至提及了大平2號是由日本研究員前田古彥利用日本花蚯蚓跟美國紅蚯蚓雜交而成。只是，前田古彥這個研究員沒有在其他紙本文獻中出現過，在網路上除了中國的網頁重複這樣的說法之外也沒有更進一步的相關資訊，甚至叫這個名字的人在日文網頁中也幾乎不存在，所以這個資訊的真實性實在無從確認起。

總而言之，太平2號在日文資料中罕有出現，在2000年以前的臺灣報章雜誌裡頭也只能勉強算是出現兩次，只有在2016年以前的臺灣網路資料、蚯蚓業者與玩家口中不斷流傳。倒是在中國，大平2號這名字從1980年左右就在資料中頻繁出沒直到今日。我們可以大膽推測，太平／大平2號這個「品種」的名字並不是日本人取的，而是傳到中國和臺灣之後，各自基於消息和種蚯蚓接洽來源而命名的。

在中國那邊，可能真的是以當年的日本總理大平正芳為名，而將引進自日本的蚯蚓取名為「大平2號」；而在臺灣這邊，則也許是因為日方的接洽公司太平物產株式會社而取名為「太平2號」。但就這麼巧，兩岸的命名只差了這麼「一點」，讓這兩個名稱並列時總有「是不是有誰筆誤」的困惑與趣味。

至於日本人當初是怎麼稱呼自己搞出來的這個「品種」呢？也許，日本人只是單純的叫牠做「紅蚯蚓2號」（Red worm No. 2）而已，從上述提及的1977年報導，或許可見一斑。對應「在日文資料中幾乎不曾看見太平2號這個名稱」的這個事實，這猜想也是合情合理。

記得三種堆肥蚯蚓的名字就好

無論如何，太平2號也好，大平2號也罷，這個名稱現在在臺灣所指涉的蚯蚓從來就不是一個真正的品種，就算是拿來代稱大量養殖的堆肥蚯蚓也不妥，畢竟「堆肥蚯蚓（Compost worm）」才是更為世界通用且淺顯易懂的名稱，而且在臺灣的堆肥蚯蚓就有三種，硬是安上一個幾號的神祕名稱來統稱，著實徒增混淆與困擾。我想，讀者

就當太平 2 號是個有趣的臺灣蚯蚓歷史冷知識，今後就好好的分辨堆肥蚯蚓的種類，並且用歐洲紅蚯蚓、印度藍蚯蚓、非洲夜蚯蚓這樣的明確稱呼來溝通吧。

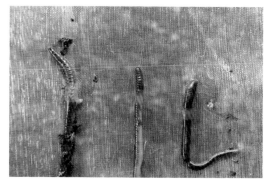

▲臺灣目前養殖的三種堆肥蚯蚓，可以從環帶位置和膨大與否輕易辨識。

TIPS. 蚯蚓品種名稱何其多

　　除了太平／大平 2 號，中國也還有大平 3 號、北星 2 號、曲塘 1 號等名稱依然在網路上流傳；在 1970 年代末期的臺灣，也還有昇峰 2 號、大正 1 號、喜馬種、回力體馬種這些品種出現，不過這些品種名稱到現在都已經掩沒在歷史的洪流中，恐怕沒有誰記得了。

　　無獨有偶的是，1970 年代後期在西方同樣也有一波蚯蚓養殖熱潮，而且西方的蚯蚓養殖業者也跟臺灣業者一樣，把手上的蚯蚓取了各種神祕迷人的品種名稱以吸引消費者。1977 年，中興大學森林系方榮坤教授在《森林學報》第六輯發表了「蚯蚓之研究」一文，其中就列出了條紋蚯蚓（Striped worm）、虎斑蚯蚓（Tiger worms）、紅雜種（Red hybrids）、紅扭蟲（Red wigglers）、埃及紅（Egyptian reds）、加州紅（California reds）、加州條紋（California striper）以及金紅雜種（Red gold hybrids）這些商品／品種名稱。不過同樣的，這些名稱也都已經消失在大眾的記憶中，現在西方的蚯蚓養殖業者已經幾乎不再使用這些品種名稱，而是以眾所周知的英文俗名如 African night crawler 來標示，甚至加上學名 *Eudrilus eugeniae* 以確保溝通無礙。這樣的做法相當值得臺灣乃至大華語圈的蚯蚓養殖業者跟進，在中文名稱標示之餘還能加上英文俗名甚至學名，不僅與國際接軌，也可以免去溝通上的困擾與誤解。

臺灣的
堆肥蚯蚓養殖史

臺灣的堆肥蚯蚓養殖，根據報章雜誌史料最早可以追溯到 1970 年代中期，中間沉寂了十多年，直到這幾年蚯蚓養殖和蚯蚓堆肥又熱潮漸起，有越來越多人對此感到興趣。除了當作處理家中生廚餘又可產製蚓糞肥這樣一兼二顧的休閒嗜好外，有些人甚至全心投入當成事業來發展，準備大顯身手。當然不意外的，鼓吹他人投資、想要從中謀取不正當利益的人也時有所聞。

有趣的是，歷史似乎總不斷輪迴，臺灣當年開始有大規模的堆肥蚯蚓養殖事業，其實就是所謂「紅蚯蚓養殖」的一陣熱潮，不過後來不僅是驟然泡沫般潰散，更是以「養殖詐欺」來定調這整股熱潮。既然以史為鏡可以知興替，就讓我們回到 1970 年代中期，看看當時的紅蚯蚓養殖熱潮和詐騙是怎麼一回事。

蓄勢待發的蚯蚓養殖熱潮

1975 年 7 月 14 日可說是蚯蚓養殖熱潮的引信點燃之日，《中國時報》貼出「誰是未來的蚯蚓大王」一文，開啟了蚯蚓養殖熱潮的濫觴。內文提及農復會與中興大學合作，在南投埔里的中興大學實驗林林場，以樹皮堆肥做為飼料，進行蚯蚓繁殖試驗。不過，關於養殖的蚯蚓僅提及「品種全為土生土長」，因此所養殖的蚯蚓種類不明。文末最後提到計畫負責人是中興大學的林文燄（或「談」，印刷不清）教授，但並未指名任教系所。

▲ 1975.07.14《中國時報》第九版

過了平靜的一年，到了 1976 年 6 月 17 日，《聯合報》第三版以「外銷紅蚯蚓，每磅兩千元」爲斗大標題，有如平地一聲雷，點出了紅蚯蚓的行情正好。文中提及貿易商收購紅蚯蚓外銷，價錢出到「一磅新臺幣兩千元」，而根據行政院主計處資料，當年的平均每人所得爲四萬元左右，換算成每月平均薪資約 3300 元。這樣看來，一磅（將近半公斤）的紅蚯蚓，價值就逼近或超過當年許多人的月薪。更何況這一格短短新聞內容，還有臺大實驗林管理處處長姜家華所稱「飼養紅蚯蚓是一項不錯的新興事業」、以及「該處已開始蒐集臺灣的蚯蚓品種加以研究，預計七月以後進行繁殖」、「紅蚯蚓養殖成本低廉」等等的背書。

於是，臺灣的紅蚯蚓養殖熱潮就此風起雲湧。

一個月後的 7 月 27 日，《聯合報》第三版以「蚯蚓：未來外銷新產品」爲大標題，詳細介紹了農復會造林組長葛錦昭如何在去年（1975 年）赴美考察時發現樹皮堆肥可以繁殖蚯蚓，因此建議中興大學森林系的方榮坤副教授，在中興大學惠蓀林場開始研究樹皮堆肥養殖蚯蚓的技術。自 1975 年 5 月後經過了一年，方榮坤教授已經從失敗的經驗中站起，並且了解樹皮堆肥中必須另外加入菜屑果皮和雞飼料，以做爲蚯蚓繁殖所需的副原料。農復會立下「蚯蚓之繁殖及應用示範計畫」，撥款十五萬（當年平均每人年所得約四萬元，將近四倍之

【竹山訊】繼貿易商做蝗蟲、毒蛇、蒼蠅的進出口生意後，又有人搜購紅蚯蚓外銷，價錢出到「一磅新台幣兩千元。

台大實驗林管理處長姜家華說，飼養紅蚯蚓是一項不錯的新興事業。該處已開始搜集台灣的蚯蚓品種加以研究，預定七月以後進行繁殖。

姜處長又指出，長頭遊樂區內的垃圾，經過堆肥處理後，卽可闢爲養殖場，通常兩個月長成的紅蚯蚓除可外銷外，尚可放進茶園、苗圃內，做鬆土工作，其糞便對土壤化學性改良亦有很大的幫助，另外牠還是養鴨的最好飼料，所以值得「推廣」。

紅蚯蚓經過堆肥處理後，可闢爲養殖場，卵孵化後，兩個月長大成蟲。

▲ 1976.06.17《聯合報》第三版

多）給方榮坤和實驗林技士莊來住負責執行，計畫從1976年7月開始為期一年，將在惠蓀林場和中南部地區執行，以找出最佳的蚯蚓繁殖方法，供農田推廣人員和一般農家觀摩應用，並研討蚯蚓在林業圃地改良的效用。此外，計畫還將調查蚯蚓的種類以及環境因子以供蚯蚓分類，並且了解哪一類蚯蚓適合在何種土壤生存，讓蚯蚓負起土壤改造者的責任。這樣詳細介紹大學教授的研究方向，誠然給了讀者一種前途一片光明的即將發達感，對於亟欲抓住投資鋒頭的人來說，更是求之不得的好消息。

　　同年9月12日，《經濟日報》第三版以「蚯蚓外銷頗佳　擴大進行人工繁殖」為題，再次提及國內研究機構正進行改良土壤的研究，並擴大進行蚯蚓人工繁殖試驗，以因應蚯蚓內外銷的需求。新聞中敘述臺大實驗林管理處和中興大學共獲得農復會補助新臺幣三十萬（當

蚯蚓：未來外銷新產品

默默蠕動改良土壤・造福人類不淺

人工繁殖獲得成功・可供農牧需要

本報記者　胡業沅

▲ 1976.07.27《聯合報》第三版

蚯蚓外銷頗佳 擴大進行人工繁殖

【本報訊】既可做飼料，也可肥沃土壤的「蚯蚓」，國內研究機構頭正進行改良土壤的研究並擴大進行蚯蚓人工繁殖試驗，以應蚯蚓內外銷的需求。

台大實驗林管理處與中興大學共獲得農復會補助新台幣卅萬元，分別從事改良土壤與人工繁殖蚯蚓的研究項目。前者包括：在花砧、花圃、果園、茶園盆放不同數量的蚯蚓，定期調查苗木生長效應及蚯蚓數量，對地力改進的效應；另在水泥箱內盛裝垃圾、置放不同種類的蚯蚓，定期觀察垃圾醱酵溫度及腐化情形，以了解蚯蚓對堆肥化的吸收效果。

中興外商探購蚯蚓的繁殖技術與方法，並調查蚯蚓的種類與方法，以作為將來擴大繁殖的依據。

自從外商探購蚯蚓的商情傳出之後，研究蚯蚓的有關單位人員，更加深了對蚯蚓大繁殖的信心，咸認蚯蚓除了做釣魚的魚餌外，亦是有益的動物。

隨着養鰻事業的發達，如人工繁殖方法成功，亦可以加速增產擴大供應內外銷。

▲ 1976.09.12《經濟日報》第三版

年平均每人年所得約四萬元，將近八倍之多），以分頭進行改良土壤與人工繁殖蚯蚓的研究項目。兩週後的9月26日，《經濟日報》第三版再次以「改進地力應用效益 政府補助繁殖蚯蚓」為題，報導政府決定撥款補助中興大學森林系和臺大實驗林管理處，在南投埔里、竹山、溪頭、臺中及中部地區，辦理蚯蚓的養殖及應用示範計畫，以探求蚯蚓繁殖的技術與方法。值得注意的是，9月12日的新聞末段提及「自從外商擬採購蚯蚓的商情傳出以後，研究蚯蚓的有關單位人員更加深了信心……如人工繁殖方法成功，可加速生產擴大供應內外銷。」這樣的敘述似乎暗示著相關單位或許也是受到商情影響，但並不真的確定紅蚯蚓的市場需求。這對當時躍躍欲試的民眾而言，從來都不在風險評估的範圍內吧。

風生水起的蚯蚓養殖熱潮

1977年，蚯蚓養殖熱潮進入極大期，在這一年間的相關新聞大大小小就有27篇。第一篇出現在1977年2月8日《經濟日報》第七版，標題為「紅蚯蚓具經濟價值 嘉羣由日引進推廣」，根據內文所述，嘉羣這一間高雄的公司鑑於紅蚯蚓的經濟價值，去年（1976年）

▲ 1976.09.26《經濟日報》第三版

▲ 1977.02.08《經濟日報》第七版

就從日本引進養殖並正在大力推廣。該公司的常務董事王樹德還簡短說明了紅蚯蚓的五項功用，最後更附上公司的地址。有如現在的業配文，極力推廣這一篇短短的「高雄訊」新聞。此外，文中也未提到從日本引進的紅蚯蚓名稱，我們只能猜測或許就是日後為人所周知的「太平2號」。

一個月後的3月5日，記者呂漢魂在《聯合報》第九版以「養殖紅蚯蚓的一股熱潮」為標題，洋洋灑灑寫了一篇文章介紹。內文首段提及「……外傳紅蚯蚓出口每磅可賣到五十美元以上……」，文中也提到「由於外傳紅蚯蚓價格高，臺灣立即就有人研究養殖。

目前，從基隆到屏東，據說已經有二、三百家投資經營。然而，較具規模的大概只是鳳山、彰化、桃園、臺東有四家；他們之中最多的也不過擁有千餘磅蚯蚓，要想爭取國外市場，似乎還有不少問題。」除此之外，關於紅蚯蚓的價錢也是一大問題：「對於臺灣的紅蚯蚓，具曾經出口過蚯蚓的復泰水產公司說：日商只肯出三百元新臺幣一公斤，但目前國內紅蚯蚓種苗價格，竟叫到兩千元新臺幣一磅，差距甚多。」對此，前文提及彰化蚯蚓大廠的老闆意見是：「……據彰化『有蚯蚯蚓養殖場』的鍾信男說：目前紅蚯蚓的種苗價格是高了點，不過，蚯蚓每個月繁殖一倍，一箱蚯蚓養一年，

▲ 1977.03.05《聯合報》第九版

可以增至兩千零四十八箱，每磅養殖成本不到五十元，算起來將來還是有利可圖的。」此處筆者不禁質疑，不知道鍾老闆所說的有利可圖，是指買家繁殖蚯蚓賣出去有利，還是鼓吹大家來跟他買蚯蚓有利了。

上述的蚯蚓種苗每磅叫價，若換算為臺斤約莫是一臺斤兩千臺幣左右，一公斤則是近四千元。別忘了，當年的人平均年所得約四萬，一公斤的蚯蚓就是超過一般人一個月的薪水之多。若以現在的平均月薪來類比，一箱一公斤的蚯蚓種苗就是四萬多的天價。對照現在蚯蚓活體價錢每斤 250 ～ 450 元之間，即每公斤 400 ～ 750 元左右，當年養殖蚯蚓正夯時，那價位實在令人瞠目結舌。

蚯蚓養殖的目標在外銷？

也不過一週後，3 月 14 日《中央日報》第九版以「紅蚯蚓供不應求 蔡毅設法大量養殖外銷」為斗大標題，報導了時任退輔會臺東農場副場長的蔡毅先生多年來投入紅蚯蚓養殖的成績，不僅又提及了彰化縣溪州鄉的蚯蚓養殖場和有蚯企業股份有限公司，還以「……目前有意向該公司進口蚯蚓的國家，計有美、

日、法國、賴比瑞亞等，看來他的蚯蚓外銷前途無量。」為報導結尾。沒多久，4 月 2 日《經濟日報》第三版又以「養紅蚯蚓外銷 漸成新興事業」為題，報導高雄的埕鑫洹興業公司從事紅蚯蚓繁殖飼養方法研究已多年，將在該公司業務部舉行展示會，公開技術並展示新品種，報導最後亦表示「……要達到外銷數量的目標，必須要加強努力，普及推廣，擴大繁殖，希望有興趣的人士參加養殖，才能真正打開外銷市場。」

▲ 1977.03.14《中央日報》第九版

▲ 1977.04.02《經濟日報》第三版

4月25日《中央日報》第三版，又以「養殖蚯蚓掀起熱潮」爲題，報導農復會森林組與中興大學森林系方榮坤教授因爲研究養殖蚯蚓的技術，在養殖蚯蚓熱潮的這幾個月就接到上千封信件詢問蚯蚓養殖技術，讓他們回信回到手軟，不勝其擾。不過，文末倒是以「養殖蚯蚓可能是個值得推廣的副業，不過從選品種開始，到養殖的種種過程也不是一般人所能弄得通，農復會森林組的技術人員希望大家不要一窩蜂跟著投資養殖，別再重蹈過去養鳥熱的覆轍。」做結，或許也是第一次爲這個養殖蚯蚓熱潮點出不看好的警語。

兩個月後，1977 年 5 月 3 日《經濟日報》第九版，罕見的以「紅蚯蚓的誘惑！爲一窩蜂的盲目投資舉證」爲題，提醒社會養殖紅蚯蚓或許不如想像中的那麼好賺。文中先以當時一份廣爲流傳的說明書爲本，說明養殖蚯蚓的成本小且利潤驚人，但對照一位對養殖紅蚯蚓有研究的胡半農先生所提出之資料，當年四月分美國雜誌上的紅蚯蚓售價也不過如此，要想以當時臺灣流傳的蚯蚓售價來獲得足夠利潤恐怕難矣。隨後更點出了蚯蚓繁殖的速度並不能以理論生殖率來估計，只是，「……在沒有實際養殖之前，誰也不知道狀況如何，希望熱衷投資養殖紅蚯蚓的人，不妨事先以小規模試行養殖，觀其結果，然後再做大規模投資，以免貿然行事，後悔莫及！」文末這樣的提醒結語，對當時正在興頭上的養殖戶而言，恐怕還是起不了太多作用。

▲ 1977.04.25《中央日報》第三版

▲ 1977.05.03《經濟日報》第九版

1977 年 6 月 20 和 21 日連續兩天，《經濟日報》第十二版以「養殖蚯蚓的鍾信男」為題，用上下兩集深入介紹鍾信男的生平和他的蚯蚓養殖事業，有趣的是，文中提及臺灣最適合養殖的蚯蚓為「回力體馬」型的蚯蚓，這倒是首次以蚯蚓的屬名做為養殖蚯蚓的稱號。

不久後的 7 月 26 日，《經濟日報》第九版有個小小的欄位，以「鍾氏紅蚯蚓外銷 每個月供應兩噸」為鍾氏公司宣傳，文中號稱首批外銷的紅蚯蚓已在 7 月 1 日啓運，第二批訂貨也將在 7 月 28 日再度出口，報導並鼓勵有興趣養殖的

【本報訊】鍾氏養殖企業公司與國外客戶訂立長期合約，每月供應二噸紅蚯蚓之活生率高達百分之百，頗受外國客戶歡迎。首批已於七月一日啓運，第二批訂貨也將於七月廿八日將再度出口。

據鍾氏公司董事長鍾信男表示：該公司在彰化縣溪州鄉中山路一八五號的養殖場，是全省最具規模的紅蚯蚓養殖場之一，品種三○四一○。

鍾氏養殖優良，年繁殖率達一千五倍，運抵國外之活生率高達百分之百，頗受外國客戶歡迎。

鍾氏公司歡迎有興趣養殖之農家，訂購種苗，另外該公司備有詳細資料，附郵十元即可索取。

鍾氏公司在台北市長春路四十七號六樓萬商大樓，電話五六三○四一○。

▲ 1977.07.26《經濟日報》第九版

農家訂購種苗，也可以寄上 10 元附郵索取詳細資料。

8 月 2 日《中央日報》第七版，再次以「養殖紅蚯蚓本小利大 應作有效企業化經營」為主題，總結臺灣學界與產業界在蚯蚓養殖上的現況，文中還簡述了日本與美加的蚯蚓養殖情形，也提到當時幾間重要的蚯蚓養殖公司和農場；在外銷上，該報導也提到主要的外銷國際市場以日本為主，在未來則有中東國家欲以蚯蚓來改良土壤，將沙漠轉為沃土，因此大有潛力。

8 月 11 日《經濟日報》第九版，除了有一篇「養殖紅蚯蚓拍攝紀錄片 將運海外放映」的小篇幅報導，將蚯蚓養殖外銷熱潮再度炒作之外，又以「紅蚯蚓外銷成新興行業 養殖方法得當利潤很

高」此一相似標題再度報導。9月15日
《中央日報》第七版和9月23日《中央
日報》第十二版，分別再以「蚯蚓用途
很多 養殖宜科學化 多位學者進行研究」
和「紅蚯蚓外銷大有可爲」爲題，敘述
當時紅蚯蚓養殖熱潮的初步發展、外銷
需求與利潤、相關學界人士的研究方向、
飼養方式簡述、飼養品種介紹、蚯蚓用
途等，此數篇報導字裡行間盡是瀰漫著
樂觀，或可做爲1977年當時，猶如盛
夏高溫一樣炎熱的蚯蚓養殖熱潮的縮影
吧。

▲ 1977.09.15《中央日報》第七版

▲ 1977.08.02《中央日報》第七版

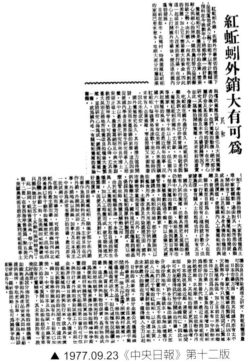

▲ 1977.09.23《中央日報》第十二版

盛極必衰、敗象始現的蚯蚓養殖熱潮

1977 年 9 月 27 日，《經濟日報》第九版報導「百利地龍企業聘蔡毅任技術顧問 採新法飼養紅蚯蚓」，文中提到「……『密封快速成長』」新方法，能使飼養省時、省力，更能減輕成本，且不影響環境衛生，繁殖力全年高達四千五百倍以上，超出舊方法一倍……」，聽起來實在是潛力誘人。

然而，隔天《經濟日報》第三版和《聯合報》第三版，還有 10 月 21 日《中央日報》第十二版，不約而同各以「商務中心發表調查報告 養殖蚯蚓尚無市場」、「投資蚯蚓養殖事業應特別慎重」、「外銷的市場不確定 養蚯蚓未必能賺錢」、以及「分析日本的蚯蚓市場 外銷尚無把握，不宜推廣養殖」為題，警告讀者蚯蚓養殖的外銷空間其實不如宣傳的那麼樂觀。文中提到國貿局商務聯繫中心表示：「到目前為止，日本只有試驗性向國外進口少量蚯蚓，當地並未形成一個市場……雖然日本盛行養殖蚯蚓，而主要是為養殖而養殖，自國外進口更為少數，並無大量進口的記錄……」，報導還點出日本國內的蚯蚓養殖方式，乃是由大戶提供蚯蚓種，與

投資蚯蚓養殖事業應特別慎重

本報記者 鮑永達

商務中心發表調查報告
養殖蚯蚓尚無市場

▲ 1977.09.28《經濟日報》第三版

小戶簽訂養殖合約，待養成後由大戶購回，雖然表面上看來養殖蚯蚓利潤頗高，但其經營方式並非直接供應日本，而只要求契約戶養殖，如果養殖戶不願再養殖並要求大戶全數收購，大戶必然因無法收購而倒閉，屆時養殖戶可能損失更慘。如果身爲外銷市場的日本國內蚯蚓市場都已經是這樣不健全又缺乏眞正的終端應用去處，臺灣又怎麼可能藉著外銷蚯蚓到日本而發大財呢？

更令人錯愕的是，蚯蚓養殖熱潮興起一年多，喧嚷多時、前景看好的蚯蚓外銷居然並不存在？10月21日報導指出，根據駐日本亞東關係協會在大阪地區的調查報告，從臺灣進口蚯蚓的情形並不多，那豈不表示過去喊得震天響的紅蚯蚓外銷都只是畫大餅而已？日本過去在戰後時期曾經盛行養狗，由大戶將廉價的雜種狗掛上純種證明後高價賣給養殖戶，簽訂契約保證以定價收購小狗外銷歐美，養狗熱潮一時風靡全國，不料後來根本沒有市場，結果大戶賺了錢，養狗的養殖戶卻損失慘重。看來，蚯蚓養殖熱潮和更久以前的養狗熱潮相比，其投資詐欺的手法似乎如出一轍、換湯不換藥呢。不出所料，這幾篇報導一出，蚯蚓熱潮不僅被狠狠潑了一桶冷水，更敲起了泡沫化的警鐘。

外銷的市場不確定
養蚯蚓未必能賺錢
凡事不可一窩蜂 謀定才能動
記取當年養鳥風 鑽進了牢籠

本報記者 歐陽元美

▲ 1977.09.28《聯合報》第三版

分析日本的蚯蚓市場
外銷尚無把握・不宜推廣養殖
余氏遠

▲ 1977.10.21《中央日報》第十二版

高木孝雄來臺
洽購紅蚯蚓
【彰化訊】

▲ 1977.12.10《經濟日報》第九版

1977 年 12 月 10 號，《經濟日報》第九版有一則小小的新聞，報導日本蚯蚓協會會長高木孝雄先生前來訪問彰化鍾氏養殖企業公司，洽商採購紅蚯蚓事宜。文中更提及該會長與該公司簽訂草約，由鍾氏公司每月負責供應日本二十噸蚯蚓成體，以供應日本蚯蚓協會與會員處理汙染之用，此行除了將正式簽訂產銷合作契約之外，還將與臺大農作研究所（應為農「化」研究所）林良平教授等舉行蚯蚓經濟效益之學術座談會。照理說，這樣跨國合作的產業新聞理應大肆宣傳、打臉唱衰日本蚯蚓市場的先前報導才對，但不知為何這個消息卻僅有小小一個版面，而且還只是以「彰化訊」起稿，彷彿連記者名字都不值得一提。於是，1977 年的蚯蚓熱潮，就這麼在尷尬的新聞靜默中，無聲無息的進入新的一年。

受害者與相關政府部門的警告

　　1978 年時值元月，跨入新的一年的喜悅才剛褪去不久，1 月 11 日的《中央日報》第六版便以「養殖蚯蚓要三思」為標題，再次提醒蚯蚓養殖熱潮可能只是商人炒作，而非具有真正的市場需求。文中除了提到殷鑒不遠的養鳥熱潮、日本的蚯蚓養殖經營方式等數次見報的資訊外，更初次揭露了桃園龜山鄉鄭先生的蚯蚓養殖被騙經驗。

　　根據報導，桃園龜山鄉的一位鄭先生半年前向彰化縣一家紅蚯蚓繁殖場（依照這兩年的新聞看來，推估應該是鍾氏有蚯蚓繁殖場）購進四萬元的種蚯蚓，談妥四個月之後來收回成蟲，然而事實是蚯蚓早已長大繁殖得無法容納卻無法「外銷」出去；所謂的「只花一點資本，坐收四倍以上利潤」早已成為泡影。這樣的血淚經驗談，想來應該引起不少同是蚯蚓養殖淪落人的共鳴。

▲ 1978.01.11《中央日報》第六版

一個月後，2月24日《經濟日報》
第三版又以「日本蚯蚓產量 目前足供需
要 我業者勿盲目養殖」為標題，說明中
央信託局駐日人員鑑於國內蚯蚓養殖業
的推廣方興未艾，於是詳加調查了日本
的蚯蚓市場狀況 —— 日本每年蚯蚓批發
成交量約為五十億至六十億條，其國內
生產量已足供應，不需自國外進口，而
且蚯蚓進口有動物檢疫的問題，當地進
口業者均無進口蚯蚓的興趣。

　　沒多久，5月22日《經濟日報》第
三版又分別以「紅蚯蚓國外無正式市場
投資者宜慎考慮」為題，說明經濟部農
業司表示紅蚯蚓國外市場狹小，有意投
資養殖者宜慎加考慮以免蒙受損失，且
國內各地若干廠商大肆宣傳飼養紅蚯蚓
之利，有利用「老鼠會」手段推廣之嫌。

　　5月26日《中國時報》第八版又進
一步以「大量養紅蚯蚓 當心虧掉血本 農
廳提出警告」為標題，直接了當、開門
見山的轉述省農林廳官員的話：「如果
你現在大量養殖紅蚯蚓，將註定要虧掉
血本」。有了中央信託局人員對日本蚯
蚓市場這樣的數據揭露、再加上經濟部
農業司和省農林廳的附和，看來養殖蚯
蚓外銷日本只是黃粱一夢，也是再無疑
義。

▲ 1978.02.24《經濟日報》第三版

▲ 1978.05.22《經濟日報》第三版

▲ 1978.05.26《中國時報》第八版

吃蚯蚓！蚯蚓養殖熱潮的迴光返照

雖說蚯蚓養殖熱潮看似已進入衰敗期，外銷日本的市場只是空中樓閣，但已經涉入其中的投資人實在難以毫不猶豫放棄養殖，看著大筆資金打水漂，勢必會有些掙扎或轉向，期望能夠力挽狂瀾。3月10日民生報第七版便依然以「養殖蚯蚓 可賺大錢」為大標題，繼續鼓吹臺灣人可仿效美國家庭主婦，在陽臺庭院等適當空間養殖紅蚯蚓，不僅省力、少花費，美日市場還頗為可觀。同個版面另外還有一篇「獎勵蚯蚓出口 政府將予輔導」的新聞，記載全省蚯蚓業者為因應外銷難題，即將在當月下旬召開第二次會議，且中信局、外貿會、內政部等有關機關將給予蚯蚓業者適當輔導，以應付四月分美日兩國的採購季節。新聞中還說蚯蚓業者將成立合作社，解決目前遭遇到的統一產銷問題、養殖權利義務問題，以及當下最大難題的包裝問題。其實從這樣的報導可以窺見，如果蚯蚓業者連運送時的包裝都大有問題，無法避免蚯蚓逃竄及死亡，運費成本又高，在外銷管道上想必不受青睞，甚至恐怕連穩定規模的外銷都還沒有開始，又是畫大餅的行銷廣告而已。

出乎意料的，或許是為了繼續鼓吹蚯蚓養殖熱潮，3月9日的《聯合報》第三版和民生報第七版，分別以「蚯蚓當菜吃・餐桌添時鮮」和「山珍海味以外的另一道佳餚 蚯蚓大餐你吃過嗎？」為題，介紹養殖蚯蚓入菜做為珍饈的新奇口味，兩篇報導中除了獵奇般描述蚯蚓入菜的繁複手續與特殊風味外，也不約而同提到一位專門養殖蚯蚓的臺北市民陳佑宇，更轉述他曾接到在美華僑每月數噸的蚯蚓訂單，卻因為臺灣的蚯蚓養殖產量不足而只能望之興歎。

▲ 1978.03.10 民生報第七版

三個月後的 6 月 4 日《中國時報》第三版，標題爲「新興行業養蚯蚓 當心成爲棘手貨」的報導中，雖然將蚯蚓養殖外銷的現狀大略分析了一番，但撰文記者在字裡行間顯然對蚯蚓養殖熱潮並不看好也不贊同，認爲養殖出來的蚯蚓用途或許不少，入菜的老饕也的確別出心裁，但在眞正的用途與有效輔導未得之前，外銷又能從何談起，而內銷也可能因爲游資廣大、一窩蜂貿然養殖造成滯銷，讓蚯蚓價值打折，甚至成爲棘手貨。話雖如此，報導中也又提到了養殖業者陳佑宇，甚至將其美稱爲「臺灣蚯蚓大王」，並且花上近半版面轉述他蚯蚓養殖的用途與觀點、養殖場規模和專

▲ 1978.03.09《聯合報》第三版

▲ 1978.06.04《中國時報》第三版

▲ 1978.03.09 民生報第七版

利等，著實也是大大的宣傳一番。沒多久，7月2日《經濟日報》第七版與《聯合報》第三版，再次以「蚯蚓食品昨辦品嚐會」和「蚯蚓食品‧津津有味！」為題，報導養殖業者陳佑宇與其經營的百利地龍公司舉辦以蚯蚓粉爲原料的蚯蚓食品品嚐會，看來這位養殖業者，在這蚯蚓養殖熱潮漸消的時節，似乎仍努力以蚯蚓食品爲噱頭，試圖繼續炒熱話題。

▲ 1978.07.02
《經濟日報》第七版

▲ 1978.07.02《聯合報》第三版

或許是這一波的宣傳奏效之故，9月17日《經濟日報》第七版報導了「百利地龍紅蚯蚓 外銷菲律賓」一事，文中稱百利地龍負責人陳佑宇，在以往國內蚯蚓公司尚無一家接到國外客戶訂單時，即兢兢業業改良蚯蚓品種、調整合理價格以配合外銷需求，此次接到菲律賓外銷訂單蚯蚓一噸，在成蟲的收集上迫切需要養殖業者的支持之外，也開始徵求新養殖戶云云。但仔細思考，這個菲律賓來的一噸蚯蚓訂單到底是真有其事，或又是一個招募下線蚯蚓養殖戶以賣蚯蚓的幌子，實在也難以查證。

▲當年報導中所謂的紅蚯蚓，很可能就是臺灣現有三種堆肥蚯蚓之一的歐洲紅蚯蚓，且自當年引進後一直養殖至今。

▶ 1978.09.17《經濟日報》第七版

百利地龍紅蚯蚓外銷菲律賓

蚯蚓的大王百利地龍」外銷了一噸至菲律賓

【本報訊】養殖紅（蚯蚓）公司，最近很成功地

據百利地龍負責人陳佑宇稱紅蚯蚓從去年九月起，引發了國內一片養殖的熱潮，該公司即處心積慮的競就在成蟲的收集上種種的需要與限制，再加上技術上的困難，「出口」也就一直未能實現。

百利地龍負責人陳佑宇稱，在以往國內向無一家蚯蚓公司接到外國客戶的訂單時，該公司即處心積慮的競就業業，將品種經多次改良，價格也做到至為合理，以達到配合外銷的要求。此次接到菲律賓一噸的外銷訂單，因此在成蟲的收集上迫切需要養殖業者支持，同時該公司現已開始徵求新養殖戶，有意者可逕與該公司聯絡。

百利地龍公司在台北市信義路四段一之四十一號水晶大廈四樓，電話七〇八三五八〇號。

蚯蚓養殖熱潮在臺消散竟短暫轉往南洋

1978 年下旬，誰能料到 9 月 30 日《南洋商報》第二版上，居然出現「歡迎！歡迎！歡迎臺灣鍾氏養殖企業有限公司董事長鍾信男先生蒞臨我國」的小幅廣告，刊登廣告的是紅蚯蚓星馬總代理宏明進出口貿易公司，在新加坡與馬來西亞都有通訊處。這個小小的廣告，暗示著蚯蚓養殖熱潮在臺灣漸漸消散的同時，居然也轉往南洋發展。

果不其然，10 月 15 日中國日報就刊登了「養殖紅蚯蚓騙局內幕」這一則新聞，文中提及近日我國外貿機構頻頻收到東南亞華僑來信，詢問臺灣是否要大量收購紅蚯蚓，此事除了令外貿官員啼笑皆非外，也證實了國內一窩蜂養殖紅蚯蚓的熱潮，不過是一群國際騙徒模仿先前養鳥熱潮手法而生的又一騙局。何況根據國貿局資料，當年上半年自臺外銷的蚯蚓僅有區區二十公斤，價值臺幣八千元爾爾，顯然大家是上了大當。而現在同樣的紅蚯蚓養殖詐騙手法也出現在東南亞，只是外銷的市場改成了臺灣，就如同早先臺灣養殖紅蚯蚓要外銷日本一樣，詐騙手法如出一轍。

可喜的是，東南亞華僑看來比較精明，懂得先來信向政府單位求證，一方面也是這個養殖紅蚯蚓的詐騙手法已是老招式，又加上東南亞華僑與臺灣本地語言相通，不像臺灣與日本或美國等地在尋求資訊上有語言障礙，因此被騙的風險就低得多了。

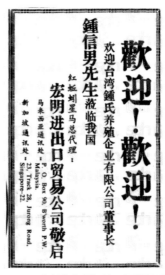

▲ 1978.09.30《南洋商報》第二頁廣告專欄 2

▲ 1978.10.15《中國時報》

終以「騙局」和「詐騙」定調的紅蚯蚓養殖熱潮

1978 年底，12 月 14 日《中國時報》第三版以「投資養殖紅蚯蚓 外銷不成 虧血本」爲題，報導省農林廳澄清從未與任何單位合作推廣紅蚯蚓，希望民眾注意。到了 1979 年，3 月 7 日《經濟日報》第三版再度以「紅蚯蚓外銷 前途不樂觀」爲標題，報導省農林廳表示政府並未推廣養殖紅蚯蚓，有意養殖者要愼重考慮，以免將來蒙受損失。大半年後，11 月 7 日《聯合報》第三版出現了「農漁牧生產合作社 全體理監事被解職」一文，報導臺灣省合作事業管理處決議解除臺灣省農漁牧生產合作社理事主席及全體理監事，並移送司法機關偵辦，原因之一就是該合作社向農民推廣飼養紅蚯蚓卻未按照所訂契約收購，使得農民損失慘重。最後，1980 年 6 月 11 日《經濟日報》第十二版以「金絲雀與紅蚯蚓」爲題，回顧了過去幾年的養殖紅蚯蚓詐騙熱潮與更早之前的金絲雀養殖熱潮相似之處，並勸誡國內貿易業者應該培養預測能力，不要等到發現他人傳來的消息以後才動作，這樣通常爲時已晚。至此，紅蚯蚓養殖熱潮大致定調爲「騙局」或「詐騙」，再無其他說法。

▲ 1979.03.07《經濟日報》第三版

▲ 1978.12.14《中國時報》第三版

▲ 1979.11.07《聯合報》第三版

蚯蚓養殖熱潮的最後一口氣？

就在 1980 年 6 月 11 日「金絲雀與紅蚯蚓」的報導後一個月，7月31日《經濟日報》第九版彷彿不甘於蚯蚓養殖熱潮壽終正寢，竟然以「利用蚯蚓製造有機肥料成功」爲標題，報導了紅蚯蚓可以處理垃圾的消息，而這消息的專訪來源，正是過去幾年來推廣紅蚯蚓養殖最大推手，彰化有蚯蚓養殖場和鍾氏養殖企業公司的負責人鍾信男先生。雖然鍾信男先生在報導中表示自己花了近十年的時間研究，終於構想出一套藉著蚯蚓生長活動的原理，搭配科學化的設備來有效處理垃圾，但鍾氏養殖企業公司和有蚯蚓養殖場最早很可能是在 1975 年因爲嗅到紅蚯蚓養殖熱潮的跡象才成立，鍾信男先生所謂的十年研究之說恐怕也只是行銷噱頭而已。此外，鍾先生在報導最末所說「……爲增進國人對這種突破性垃圾處理方法的認識…願意無條件將詳細操作方法公諸社會……」，對照三、四年前鍾氏養殖企業公司和有蚯蚓養殖場在報導上意氣風發的景況，想來隨著紅蚯蚓養殖熱潮退去、猶如老鼠會般的商業模式和泡沫被戳破以後，鍾信男先生的生意勢必大受影響。很遺憾的，在這個報導之後，紅蚯蚓養殖、有蚯蚓養殖場和鍾氏養殖企業公司也不再有任何進一步的消息，巴望著以紅蚯蚓處理垃圾的翻身之道，大概也就無疾而終了。

▲ 1980.06.11《經濟日報》第十二版

▲ 1980.07.31《經濟日報》第九版

當年養殖的紅蚯蚓到底是什麼種類？

　　當年的紅蚯蚓養殖熱潮中，除了「紅蚯蚓」這個俗稱之外，頂多就是 1977 年 3 月 5 日《聯合報》第九版的報導首次提及紅蚯蚓 2 號（Red worm No. 2），同年 4 月 3 日《經濟日報》第四版宣傳在高雄舉行的紅蚯蚓品種展也並未提及品種名稱。1977 年 6 月 21 日《經濟日報》第十二版再次提及紅蚯蚓 2 號（Red worm No. 2），隔年 1978 年 1 月 11 日《中央日報》第六版，首次出現「太平 X 號」的稱呼，推測應是前述「紅蚯蚓 2 號」名稱演變而來。

　　無獨有偶，這類以號碼命名的名稱，還有 1977 年 8 月 11 日《經濟日報》第九版提到的「昇峰 2 號」和「大正 1 號」這兩個名號。根據報導，昇峰 2 號乃是昇峰這間公司所養殖的品種，筆者推測可能也是從日本引進的紅蚯蚓 2 號

再冠以公司名稱，藉此做為行銷宣傳之用。至於大正 1 號，也許是在大正年間（1912 ～ 1926）於日本首次記錄的赤子艾氏蚓（*Eisenia fetida*），亦即日本民間所謂的「紅蚯蚓 1 號」吧？隔年的 3 月 9 日，《聯合報》第三版又提到了另一個蚯蚓的品種「喜馬」種，據筆者推斷這應該也是從日文「シマ」直接音譯而來，也就是有些資料稱之為「日本花蚯蚓」的赤子艾氏蚓。相信各位讀者跟我一樣，面對這些中文俗名想必一個頭兩個大，都不知道到底在說哪個蚯蚓的種類了，由此可見，生物的精確分類、鑑定和獨一無二的學名，在溝通上有其不可或缺的重要性。

　　此外，1977 年 6 月 20 日《經濟日報》第十二版報導中，首次提及「回力體馬 Theretima」型的紅蚯蚓，這個英文名稱看起來煞有其事，其實不過只是巨蚓科底下常見一屬「*Pheretima*」的筆誤寫法而已。同年 8 月 11 日以及 10 月 10

日在《經濟日報》第九版均再次提及此型，1978 年 3 月 10 日民生報第七版、5 月 11 日《經濟日報》第九版，以及 6 月 4 日《中國時報》第三版的報導，均再次提到「回力體馬」這個品種的蚯蚓，且 3 月 10 日和 5 月 11 日的報導終於把回力體馬型紅蚯蚓的學名（*Pheretima asiatica*）寫了出來，但過了四十多年，現在這個學名在臺灣基本上已經廢棄無效，而到底當初這個學名指稱的種類是誰，也因為沒有留下可供比對的標本而不得而知。

從這些報導敘述來看，回力體馬種的蚯蚓和前述的紅蚯蚓 2 號，似乎只是品種上的差異，但以現在的蚯蚓分類和鑑定知識來判斷，實際上可是大大不然。若是以水果來類比，原本的紅蚯蚓和「回力體馬」種的蚯蚓差異，就跟芒果和橘子的差異一樣，已達分類上「科」級之別，當年卻僅僅冠以「品種」的不同，可見當時對養殖蚯蚓的理解實在不足，卻已經急就章、趕鴨子上架想要藉以發財。試想，今天若有人拿著芒果來向橘子農推銷，指稱這叫做「芒極費拉」的新品種水果，吃起來酸甜酸甜，果農們可以考慮改種這個新「品種」，豈不荒唐至極？

1978 年 7 月 2 日《經濟日報》第七版報導蚯蚓食品的品嚐會，所使用的蚯蚓粉又是另一個名為「友利」種的新品種，這個名稱聽起來似曾相識，但又不像前述的蚯蚓品種與日文名稱或屬名有明顯的相同發音，因此著實難以考據。筆者猜測，「友利」種蚯蚓或許是指非洲夜蚯蚓的屬名 *Eudrilus*，畢竟非洲夜蚯蚓也是普遍養殖且歷史悠久的堆肥蚯蚓，當年若要被拿來做成蚯蚓粉，依其體型和養殖數量也是合情合理。

臺灣的堆肥蚯蚓養殖再起，有賴健康的產業發展路線

回顧 1975 ～ 1980 年間臺灣發生的紅蚯蚓養殖熱潮與其商業詐騙的始末，希望各位讀者能夠更加了解臺灣蚯蚓養殖業的歷史，也更加看清近年來某些宣傳養蚯蚓能夠致富並鼓吹投資的話術有多少可信度。不可否認，堆肥蚯蚓的養殖能夠以蚯蚓堆肥的方式處理有機質廢棄物、同時生產蚓糞肥做為有機質肥料和土壤改良劑，還能夠產出眾多的堆肥蚯蚓做為餌料與飼料之用，在商業上應該是大有可為。但唯有把眼光放遠，了解法規現況，並且真心去開創合理的商業模式，這個產業才可能在復興後長久久。

Chapter6.

如何設置蚯蚓堆肥箱處理家庭生廚餘

（以及少量熟廚餘）

每次向一般大眾介紹蚯蚓，總有不少人眼睛一亮、興致勃勃的回應「聽說蚯蚓可以把廚餘吃掉然後變成肥料」。而有些民眾就單純聽信了這一句過度簡化的說法，興沖沖的挖了一些蚯蚓和田土回家，找個箱子裝起來後隨即扔了廚餘進去，期望從此可以擺脫追垃圾車倒廚餘的日子。想當然，結果多半是以失敗收場，裡面的廚餘很快的就發酸發臭，蚯蚓也嗚呼哀哉。

誠然，「蚯蚓可以把廚餘吃掉變成肥料」這一句話沒有什麼大問題，但是箇中學問並非如此簡單的一句話就可囊括。接下來，我們就來仔細介紹蚯蚓堆肥箱的設置與管理方式。

蚯蚓堆肥箱的設置，應使用堆肥蚯蚓

蚯蚓有很多種類，各有不同食性和習性，千萬不能一視同仁。既然是為了處理家庭生廚餘，那麼能夠直接生活在有機廢棄物裡、直接取食有機廢棄物、而且已經大量養殖買賣的堆肥蚯蚓，才是最適合養殖的類群。在臺灣，分別有歐洲紅蚯蚓和非洲夜蚯蚓這兩種外來種，以及印度藍蚯蚓這一種本土種或歸化種適合成為堆肥蚯蚓。

這三種堆肥蚯蚓各有優點；好比說歐洲紅蚯蚓活動緩慢、移動能力較差，就算養到倒缸可能也不會亂跑；印度藍蚯蚓活力旺盛、移動快速，又是臺灣本土種或歸化種，如果想要以本土種或歸化種的堆肥蚯蚓來處理家庭生廚餘，或是不想要日後把蚓糞挖出來當肥料使用時，還要擔心會不會有外來種逸出的憂慮，那麼印度藍蚯蚓當然是唯一選擇；非洲夜蚯蚓體型大、活力佳，吞食廚餘的效率讓人相當有感，而且恐怕也是現在最容易買到、價錢也最便宜的堆肥蚯

▲在臺灣的三種堆肥蚯蚓，由上至下、由右至左分別為歐洲紅蚯蚓、印度藍蚯蚓、非洲夜蚯蚓，從成體的體長差異以及環帶位置可以明顯區分三者。

蚓種類，各位讀者可以自己評估需求，再選擇適合的堆肥蚯蚓種類。

蚯蚓堆肥箱的設置：箱體選擇需注意體積和深度

一般而言，家裡的空間都不算太大，為了處理家庭廚餘而設置的蚯蚓堆肥箱當然也不能占據太多空間。受限於空間和人力的因素，通常箱體加內容物都是一人可以搬動的體積和重量，以一箱或數箱的規模利用蚯蚓消化廚餘。蚯蚓箱養的好處是可以將箱子向上十字堆疊或放置層架上，因此在立體空間利用上更有效率，而且箱子彼此獨立，出問題時不至於毫無阻擋的快速蔓延。然而，由於箱體空間和基材有限，對環境變動也相對敏感，一旦箱內環境轉壞，蚯蚓也相對無處可逃，整箱的蚯蚓個體一起受害，因此更需要仔細的管控。

至於箱子的選擇，建議選擇略有深度的箱子，如此就可以利用基材到箱緣的距離做為防逃緩衝，以蹲著查看蚯蚓箱時，手臂能夠深入箱中活動自如的深度就頗為適當，超過這樣深度的箱子只能彎腰檢查，當然會比較辛苦。另外，要用多大的箱子當作蚯蚓箱，其實跟讀者家中每天的生廚餘份量有關。建議可以先花兩週的時間，每天將家中的生廚餘切碎後，用量杯大略估算出每日生廚

TIPS. 不同規模的蚯蚓堆肥各有其法

本書所討論的蚯蚓堆肥箱設置方式，主要適用於家庭與社區規模。若是想用蚯蚓堆肥方式來處理每天數噸果皮菜渣的工業規模，需要的設備、空間與相關需求並不能以小規模蚯蚓堆肥箱來放大類比，且其中的商業模式也有值得討論細究之處。

另外，沒有土地可用的家庭或社區才需要使用蚯蚓堆肥箱。如果自家或社區有個數平方米或近十平方米的土地、庭院、草皮或花圃，其實可以考慮把生廚餘甚至熟廚餘都直接埋進土壤中，讓土壤中原本就存在的蚯蚓和其他土壤動物一起作用，分解生熟廚餘並轉為養分滋養土壤，並不需要捨近求遠使用蚯蚓堆肥箱或是市售堆肥機來處理生熟廚餘。當然，這樣做可能會有招惹蟲鼠的疑慮，所以應該要搭配一些簡易設施和操作才好。

餘的平均體積，再依照這個體積至少 20 倍以上去尋找適當大小的容器做爲蚯蚓箱比較保險。

蚯蚓堆肥箱的設置：箱體選擇需注意材質

關於蚯蚓堆肥箱的材質，個人認爲盡可能以光滑內面、稍有彈性、不易碎裂、比熱偏大（不太容易升降溫）、質地輕盈、不透水或僅稍微透水、不會或不易變質甚至腐爛的材質爲佳。所以，手邊容易取得的箱子材質中，多數的塑膠工具箱或收納儲物箱就足以符合上述條件。至於保麗龍箱，雖然有質地輕盈、比熱大的優點，但日久容易開始碎裂，箱體也不夠強壯，用小鏟子或耙子等工具翻攪基材、埋生廚餘或挖取蚓糞肥時，都很容易損傷保麗龍箱的內面產生碎屑，這些保麗龍碎屑或微粒混在蚓糞或基材中幾乎不可能去除，還會持續擴散汙染。保麗龍箱的另一個缺點是箱體內面並不算光滑，總會有保麗龍顆粒之間的細小溝痕，這些溝痕隨著保麗龍箱使用時間增加會變得越來越明顯，於是讓保麗龍箱的內面容易吸住水氣而稍微潮溼，箱裡的堆肥蚯蚓就越來越容易爬上粗糙且潮溼的箱壁而翻牆脫逃，再加上保麗龍箱的內面難免因爲工具翻攪造成凹凸缺口，使得蚯蚓脫逃的可能性大增，憑添管理上的困擾。綜合上述因素，建議避免使用保麗龍箱爲佳。

除了塑膠和保麗龍，其他做爲蚯蚓堆肥箱的材質較少見，因此在這裡只簡單討論。木箱做爲蚯蚓堆肥箱的缺點是箱體必定會有木材之間的接縫，即使做工再精細，箱體也還是會滲水，何況木材本身就會吸水，也可能會日漸腐爛，

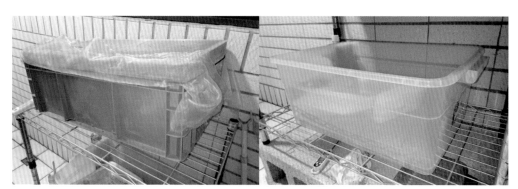
▲常見的長方形塑膠工具箱或收納儲物箱，都是蚯蚓堆肥箱的不錯選擇。

因此長久來看並不適合。至於玻璃水族缸或陶瓷花盆，當尺寸夠大的時候就會偏重，移動上太過辛苦，且使用工具翻動檢查或挖掘蚯糞肥時，都有失手敲到缺角破裂而割傷的風險，個人認為也不是那麼適合。使用金屬箱當作蚯蚓堆肥箱並不常見，除了生鏽問題之外還有沉重移動不便的困擾，再加上比熱又小，萬一晒到太陽，恐怕就會造成蚯蚓堆肥箱內部過熱而出問題。

話說回來，除了計較蚯蚓堆肥箱的材質之外，更重要的其實是蚯蚓堆肥箱放的位置。如果放在錯誤位置，可能承受陽光直射、水泥散發的輻射熱烘烤、下雨或潑雨造成箱子內外潮溼積水、冬天寒風直吹等等，那麼箱子的材質再怎麼良好又適合也無濟於事。

蚯蚓堆肥箱的設置：基材選擇，及蚯蚓與基材比例

堆肥蚯蚓需要居住在有機質為主的基材中，且基材的性質必須夠穩定，這才是蚯蚓安定適宜的環境。

一般來說，性質穩定的有機質多屬於碳氮比較高的基材，例如椰纖土、泥炭土，以及主成分為木屑的廢棄菇土（俗稱廢太空包或廢菇包），這三種基材在坊間容易購得、成分也相當單純，不過泥炭土大多為進口而來，因此較為昂貴。至於坊間常見的培養土成分通常混雜，且可能為了園藝或農業栽種需求而添加殺蟲劑或殺菌劑等農藥，用來做為蚯蚓堆肥箱的基材很可能會出問題，個人並不推薦。

當然，坊間也不時可見有玩家以粗糠、撕碎紙箱、碎紙機廢紙、甚至是撿來的落葉做為基材，這些做法可能可以省下購買前述基材的費用，不過粗糠吸水性差、撿來的落葉可能會帶有諸多不預期的小蟲，增加蚯蚓堆肥箱的管理困擾。落葉的樹種有誤還可能對蚯蚓產生毒性或刺激性，撕碎紙箱或碎紙機廢紙則有油墨或黏膠殘留的疑慮。因此考量到可能增加無法預期的風險，建議直接購買椰纖土這樣的單純基材為佳。

至於基材一開始的份量應該要多少，就又回到箱體選擇時所提到的重點了。既然蚯蚓堆肥箱的大小建議是平均每天家中生廚餘切碎後體積的至少 20 倍以上，那麼保險起見，一開始放入蚯蚓堆肥箱中的基材最好也有平均每天家中生廚餘切碎後體積的 7～10 倍或更多。也就是說，如果每天平均有 0.5 公升的切碎生廚餘，就是至少需要 3.5～5 公升左右的泡發潮溼椰纖土，而蚯蚓堆肥

箱則應有至少 10 公升的體積。如此一來，平均而言每天放入的生廚餘份量約為基材的 10～15%，這比例還不至於太快改變基材的性質。而只要空間許可，蚯蚓堆肥箱寧可大一點、起始的基材也寧可多一點，讓蚯蚓堆肥的整體環境有更大的緩衝空間跟保險，基本上有益無害。

有了設置好的蚯蚓堆肥箱與潮溼基材，接下來就是適量的堆肥蚯蚓了。可想而知的是，如果在基材中放入太多的蚯蚓，可能會因為空間不足、過度擁擠競爭而導致躁動逃逸，不但沒辦法快速的吃掉生廚餘還會造成額外困擾；相對的，如果放入太少的蚯蚓，則處理生廚餘的效率可能太差，導致生廚餘堆置其中太久而腐敗發臭甚至倒缸，因此所需

的堆肥蚯蚓份量當然需要拿捏，以得到蚯蚓堆肥箱的最佳表現。

根據經驗，堆肥蚯蚓重量與基材體積的最佳比例，會隨著基材的種類、性質以及操作方式而變，若是以椰纖土為基材來看，在裡頭能夠放入基材體積數字 1／10 的蚯蚓重量就頗多了。也就是說，如果每天平均有 0.5 公升的切碎生廚餘，那麼至少需要 3.5～5 公升左右的泡發潮溼椰纖土，而蚯蚓堆肥箱則有至少 10 公升的體積，建議在其中頂多放入 0.5 公斤的堆肥蚯蚓。這樣的話，蚯蚓在基材中的空間還算足夠，處理生廚餘的速度應該也還可接受。

不過切記，一段時間之後蚯蚓堆肥箱裡頭到底還會有多少重量的蚯蚓其實很難說，畢竟在這段時間內的環境條件、

▲ 泥炭土。

▲ 椰纖土。

▲ 撕碎的瓦愣紙箱。

溼度控管、生廚餘投入的份量頻率和種類都會影響堆肥蚯蚓的生長和繁殖。而且蚯蚓堆肥箱的設置本來就是以處理家戶生廚餘為目的，因此放進其中的堆肥蚯蚓無論變多或變少，只要都還能順利處理家戶生廚餘就好。若想要以繁殖蚯蚓為目標，就不該以蚯蚓堆肥箱的操作方式來運作。

蚯蚓堆肥箱的管理：溼度

堆肥蚯蚓養殖的管理上大體不脫溼度、溫度、密度與食料控制四大要素。對處理家庭生廚餘的小規模蚯蚓堆肥箱而言，在溼度和食料控制更是必須特別注意，是以在此優先提出討論。

以臺灣常見的三種堆肥蚯蚓來說，適合的溼度其實在 80% 上下，但為了管理方便通常採用較低的溼度，可避免水分堵塞基材孔隙，造成厭氧菌增生、基材發臭惡化。

對養殖蚯蚓用來處理家庭廚餘的讀者來說，溼度控制不良、基材底部淹水，經常是環境惡化、養殖箱發臭和蚯蚓外逃的重要原因，因此寧可讓溼度稍微偏低在蚯蚓還可接受的範圍內，也不要加入過多水分使得環境惡化。基材溼度較低，也便於後續收取蚓糞的工作。畢竟蚯蚓箱不是黑洞，家庭生廚餘丟進去並不是消失不見，而是被蚯蚓吞食後轉為蚓糞肥，日積月累下蚯蚓箱裡的基材和蚓糞肥也會越來越滿，如果不適時挖一些出來，不只新的生廚餘丟不進去，還可能會有基材壓實、過度細化且變質的風險。因此，把水分管理好，讓基材溼度維持在抓一把緊握後稍滴水的程度是比較適當的。

◀雖然臺灣這三種堆肥蚯蚓的偏好溼度都是在 80% 左右，但此等溼度常造成透氣不良且發臭的狀況，管理上較不容易。

蚯蚓堆肥箱的管理：食料（生廚餘為主）

處理家庭生廚餘的蚯蚓堆肥箱其食料控制非常重要。雖然基本上堆肥蚯蚓在基材中隨時都在進食，不僅吃食料廚餘也會吃基材，但一次投入過多生廚餘，在堆肥蚯蚓尚未吃完前就會滋生大量細菌，進而產生大量代謝物、水氣和熱，導致環境迅速失衡而惡化、發酸或發臭，於是堆肥蚯蚓大量外逃或死亡。既然是為了處理家庭生廚餘而養殖堆肥蚯蚓，勢必要有足量的蚯蚓以因應每天產生的生廚餘。若萬一真的因為烹飪大餐，或食用特殊水果如鳳梨、西瓜等而產生比平日更為大量的生廚餘，寧可先將生廚餘冷藏起來並分批交給蚯蚓處理，也不要一次全部投入蚯蚓堆肥箱中，以免環境敗壞而導致全軍覆沒。

必須提醒的是，堆肥蚯蚓對各種生廚餘的處理速度不一，菜渣的速度通常比果皮快；含水高、甜度高的果皮如鳳梨皮、西瓜皮或香瓜皮，還有冬瓜、香瓜、哈密瓜等瓜果的種子瓤部，雖然爛

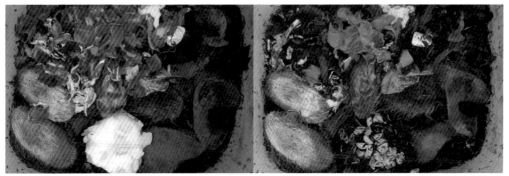

▲用堆肥蚯蚓處理果皮菜渣一週前後對比，左邊照片裡的蘋果皮和芒果皮在七天後大多被拖進基材裡，冬瓜瓤更是消失到只剩種子，但芒果核依然不動如山，只有表面被吃得乾乾淨淨。

Before

After

◀百香果殼被堆肥蚯蚓處理前後對照。

得快且蚯蚓處理也快，但也容易因為快速腐爛出水而影響蚯蚓堆肥箱的環境，使用上請務必小量分批；香蕉皮的速度居中，芒果皮稍慢一點，水梨皮或帶蠟質的蘋果皮處理速度就更慢了；百香果皮內層會被吃完，但堅硬的外層就和堅韌的奇異果皮一樣，只會碎裂不會消失。至於芒果核和酪梨核，基本上只有外層的果肉汁液會被蚯蚓吃得乾乾淨淨，種子本身是不會消失的。堆肥蚯蚓處理各種果皮菜渣的箇中奧妙，還是要讀者自己經驗過才能體會。

最後，環境氣溫的高低也會影響堆肥蚯蚓的活動力，以及蚯蚓堆肥箱內的微生物活性。環境溫度在 25 ～ 30 度時堆肥蚯蚓活躍且進食多，微生物分解廚餘的速度同樣也快；相對的，環境溫度只有 15 度或更低時，堆肥蚯蚓活力降低進食少，微生物的活性和分解廚餘的速度也下降。所以，手上的廚餘類型為何、到底該放多少進去蚯蚓堆肥箱讓蚯蚓處理，還是需要各位讀者自己多多觀察蚯蚓堆肥箱的狀況，綜合環境的溫溼度並且累積經驗。

Before

After

▶哈密瓜殼被堆肥蚯蚓處理前後對照。

▶芒果籽在蚯蚓堆肥箱中過了幾個月甚至大半年也不會粉碎，雖然不會造成什麼問題，但數量多了頗占空間，務必斟酌投入並且適時取出已經處理透徹且乾燥的芒果籽。至於蛋殼碎片則是會往下沉並且黏在堆肥箱底，因此建議避免投入蛋殼。

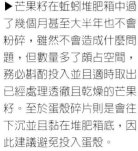

學會判斷各種生熟廚餘的性質，對管理蚯蚓堆肥箱有很大的幫助。
以下列出各種常見生廚餘的性質與注意事項。

廢棄物項目
蚯蚓取食速度 中 ｜ 腐爛速度 中 ｜ 含水率 中 ｜ 可放心投入
菜葉、菜梗、菜根、蘿蔔頭、瓜果蒂頭、洋蔥頭、蔥頭、蔥葉、爛薑、蒜蒂、蒜葉、番茄蒂、葡萄皮、香蕉皮、瓠瓜皮、蘿蔔皮、絲瓜皮、冬瓜皮、南瓜皮、木瓜皮、香瓜皮、洋瓜皮、哈密瓜皮、火龍果皮、百香果殼、番石榴殼、蘋果核、梨子核
蚯蚓取食速度 快 ｜ 腐爛速度 快 ｜ 含水率 高 ｜ 通常甜度 高 ｜ 適量投入
冬瓜瓤、香瓜瓤、洋瓜瓤、哈密瓜瓤、木瓜瓤、芭樂心等瓜果種子瓤部
蚯蚓取食速度 快 ｜ 腐爛速度 快 ｜ 含水率 高 ｜ 甜度 高 ｜ 務必適量投入
鳳梨皮、西瓜皮
蚯蚓取食速度 慢 ｜ 腐爛速度 慢 ｜ 含水率 中 ｜ 通常甜度 中 ｜ 可放心投入
蘋果皮、梨子皮、芒果皮、奇異果皮
蚯蚓取食速度 慢 ｜ 腐爛速度 慢 ｜ 含水率 低 ｜ 甜度 低 ｜ 精油含量 高 ｜ 可放心投入
橘子皮、柳丁皮、柚子皮、文旦皮
蚯蚓取食速度 慢 ｜ 腐爛速度 慢 ｜ 含水率 高 或 中 ｜ 甜度 低 ｜ 可放心投入
茶葉渣、青草茶渣、中藥渣、花果茶渣
蚯蚓取食速度 未 知 ｜ 腐爛速度 慢 ｜ 含水率 中 ｜ 甜度 低 ｜ 咖啡因高濃度可能對蚯蚓有害，務必適量投入
咖啡渣
蚯蚓取食速度極 慢 ｜ 腐爛速度極 慢 ｜ 含水率 低 ｜ 甜度 低 ｜ 占空間，少量投入
竹筍殼、龍眼殼、荔枝殼、酪梨殼、山竹殼、紅毛丹殼、粽葉、玉米葉、玉米梗、花生殼、茭白筍殼、龍眼荔枝枝條

廢棄物項目
蚯蚓取食表面殘餘速度(快) | 取食本體速度(極)(慢) | 腐爛速度(極)(慢) | 含水率(低) | 占空間，少量投入
芒果籽、酪梨籽、桃子核、李子核、菱角殼、甘蔗皮、鳳梨頭
蚯蚓取食表面殘餘速度(快) | 取食本體速度(極)(慢) | 腐爛速度(極)(慢) | 含水率(低) | 太占空間，盡量勿投入
榴槤殼、椰子殼
蚯蚓不取食 | 不腐爛 | 含水率(低) | 不發臭 | 占空間，避免投入
蚌殼、蛋殼
蚯蚓不取食 | 腐爛速度(慢) | 含水率(低) | 易發臭 | 占空間，少量投入
骨頭、魚骨魚鰭魚刺、蝦頭蝦殼、螃蟹殼
蚯蚓取食速度(中) | 腐爛速度(中) | 含水率(中)或(低) | 可能發酸發臭，適量投入
飯、麵、麵包等澱粉類主食
蚯蚓取食速度(慢) | 腐爛速度(快) | 含水率(中)或(高) | 易發酸發臭，避免或少量投入
多數熟廚餘

▲家戶生廚餘以果皮菜渣為大宗，讓堆肥蚯蚓處理再適合不過。

蚯蚓堆肥箱的管理：溫度和蚯蚓密度

除非把蚯蚓堆肥箱放在控溫環境，不然基本上蚯蚓堆肥箱的溫度受到氣候和大環境決定，但無論如何，蚯蚓堆肥箱的環境基本上都以避免日晒的陰涼處為優先。通常在 30 度以上的基材中，堆肥蚯蚓的活動力就開始減弱，基材在陰涼處可避免太陽直射造成的高溫以及基材水分散失，尤其是家庭式的蚯蚓堆肥箱，在箱子裡基材少、量體小的狀況下，溫度和水分波動程度會更為劇烈，因此更需要在環境選擇上多加留意。另外，當氣溫降到 15 度以下，原產於熱帶的印度藍蚯蚓和非洲夜蚯蚓通常就不太活動，只有原產於溫帶的歐洲紅蚯蚓還可能有較好的活動力。因此，還是建議將蚯蚓堆肥箱放置在避風、避雨，確保不晒太陽的半戶外遮蔭角落或室內尤佳，以維持蚯蚓堆肥箱內的環境穩定和處理生廚餘的效率。

在蚯蚓密度的管理上，由於這三種堆肥蚯蚓都能容許高密度生活，即使密度過高，通常也不至於出現明顯的繁殖力降低、生長遲緩或大量死亡的狀況。以蚯蚓堆肥箱一開始的蚯蚓重量／基材體積之比例 1／10 來看，正常操作下應該不至於有什麼密度過高狀況，反而是隨著時間過去，蚯蚓變瘦變少、密度降低的狀況較常發生。然而，對處理廚餘的家庭玩家而言，若真的密度過高導致原有的蚯蚓堆肥箱空間無法容納、又沒有空間或餘力可以分箱，建議可將多餘的堆肥蚯蚓分送其他玩家，或交給水族兩爬寵物玩家、釣魚愛好者做為活餌消耗掉，切記不可隨意將蚯蚓丟棄到野外，以避免外來種入侵臺灣野地的風險。尤其是近十年甫引入臺灣養殖的非洲夜蚯蚓，其入侵性尚未明朗，因此在使用與處理上更需小心謹慎。

▶近年來蚯蚓養殖業者私下引入的非洲夜蚯蚓，入侵性依然不明，使用上需特別小心，防止外逃。

蚯蚓堆肥箱的管理：防逃

除了環境條件管理與控制，防止堆肥蚯蚓外逃是坊間蚯蚓養殖與應用相關資訊中比較少提及的重點，尤其對於用來處理廚餘的家庭蚯蚓堆肥箱玩家而言，更攸關設立蚯蚓堆肥箱之後的生活品質。畢竟，一早起床看見滿地蚯蚓屍體，心情大概不會太好，逃走死去的蚯蚓越多，也會讓蚯蚓堆肥箱處理廚餘的效率變差，日後更容易出現箱中的廚餘來不及被蚯蚓吃掉而發臭長蟲的窘況。

坊間說法經常認為，若是環境適宜，蚯蚓就應該樂得待在蚯蚓堆肥箱裡生活，而不會外逃自討苦吃或自尋死路，但筆者認為，既然是動物就有其難以預料的部分，即便是已馴化又受訓過的家犬都有不受控制亂跑的時候，環境良好而堆肥蚯蚓就該乖乖待在基材裡不外逃的想法恐怕過於一廂情願。所以，既然想要設置蚯蚓堆肥箱，做好防逃措施才是本分與義務。

要防止堆肥蚯蚓外逃，最好使用四周和底部都沒有孔洞的蚯蚓堆肥箱體。坊間說法經常建議在蚯蚓堆肥箱壁或底部打洞，用意是幫助透氣通風或排水云云，個人認為這樣的做法只是畫蛇添足又增加蚯蚓逃跑困擾，明明基材和廚餘的溼度管理做好就可以解決的事情，何苦節外生枝多此一舉。除了不打洞，蚯蚓堆肥箱體還要有一定深度，讓基材表面距離上方箱緣有一段距離，而且切記蚯蚓堆肥箱上不要加蓋，注意基材溼度讓箱壁保持乾燥，藉此更可讓乾燥箱壁成為堆肥蚯蚓外逃的障礙。

▶長方柱狀箱體裡不放太多基材，蚯蚓箱也不加蓋好讓內壁保持乾燥，基材表面到箱緣的大段箱壁就成了蚯蚓脫逃的障礙。

　　爲了防止蚯蚓外逃，坊間經常建議在蚯蚓堆肥箱上加蓋，但這樣會造成水分蒸散不易而凝結在箱壁內側，反而讓堆肥蚯蚓得以趁著溼潤的箱壁四處舒適爬行遊走、聚集在箱蓋與箱壁間的縫隙，造成操作上的困擾。萬一使用的是五金賣場常見的置物箱，箱蓋與箱體本身就有巨大空隙且不密合，那麼蚯蚓在溼潤箱壁上四處遊走到箱緣逃逸簡直輕而易舉，加蓋防逃的舉動只會適得其反，成了協助蚯蚓逃逸的幫凶。所以，除非能在蓋子上開出極大比例的透氣窗，而且還能確保蓋子跟蚯蚓堆肥箱眞正密合無縫隙，否則寧可不在蚯蚓堆肥箱上加蓋。

　　此外，若是箱體爲方形，建議可以在頂部箱緣往內貼上透明膠帶，讓蚯蚓即使向上爬到箱緣也無法後仰凌空翻越膠帶而脫逃。要知道，歐洲紅蚯蚓和印度藍蚯蚓的體型都能夠輕易鑽過一般紗窗的網目（孔徑約 1 公釐），坊間經常以蔬果塑膠籃或雞蛋籃內貼紗網做成蚯蚓堆肥箱，坦白說根本沒有防止外逃的作用，常見有孔洞黑色塑膠板組合而成的養殖箱，其孔洞和空隙也讓蚯蚓有大量的逃脫機會；加上坊間偏好的蚯蚓堆肥箱體多爲寬扁形狀，基材表面到上方箱緣的距離並不長，對於非洲夜蚯蚓而言，只要稍微延長就可輕易搆到箱緣而逃走，體型稍小的另外兩種堆肥蚯蚓也都能輕易的貼著箱壁爬出。是故，這些常見的蚯蚓堆肥箱，幾乎都只能放在陽臺、頂樓或庭院處，任由逃出的蚯蚓乾死或被捕食而眼不見爲淨。

◀箱緣往內貼上透明寬膠帶可防止蚯蚓翻越。

蚯蚓堆肥箱的管理：防蟲

除了防止蚯蚓外逃，防止外面的蚊蠅侵入蚯蚓堆肥箱中產卵滋生蛆蟲也很重要。坊間寬扁形的置物箱或收納箱即使加蓋，也會因箱蓋與箱體間的空隙而幾乎沒有防蟲功能；常見用來當作蚯蚓堆肥箱的有孔塑膠板組合箱也無法防範果蠅大小的蚊蠅入侵，因此只能放在戶外的通風場所，以免引來蚊蠅，滋擾了居家生活。更何況這些箱子加蓋以後，都無法避免發生水氣凝結在箱壁內部的問題，因此實在不建議用加蓋方式防蟲。

若要防止蚊蠅入侵，建議可在飼養箱體上覆蓋紗巾，並且在箱頂外緣用彈力繩將紗巾邊緣箍緊，這樣一來不只是果蠅大小的蚊蟲無法鑽過紗巾，其他爬行移動的小蟲如蟑螂就算想要沿著箱壁爬進箱裡，也得先穿過箍緊的彈力繩加上緊貼箱緣的紗巾這兩道關卡才行。如此一來，只要每次放廚餘時能夠小心迅速，大多數的外來蟲害應該都得以防範。不過紗巾對於體型微小的螞蟻也許還是力有未逮，可能必須依賴養殖箱底或箱腳的淺水盆，甚至是在箱子周圍灑上市售的螞蟻粉，並且確保蚯蚓堆肥箱不靠牆面才行。

◀體型比果蠅更微小的蚤蠅也無法穿過紗巾的孔洞。

▲養殖箱緣蓋上紗巾，外頭用彈力繩箍緊再將紗巾拉緊，可防範絕大多數的蚊蟲，同時保持蚯蚓堆肥箱的通風透氣，讓水氣不會凝結在箱壁內側。

蚯蚓堆肥箱的管理：可能出現的共存小動物

其實不管如何防範，蚯蚓堆肥箱的基材中總是難免出現一些共存的小動物。以下簡單介紹這些大家較不熟悉的小型無脊椎動物，希望能夠解除蚯蚓堆肥玩家們的疑惑，也減少以訛傳訛的誤解。

線蚓

和蚯蚓一樣屬於環節動物門寡毛類，體色偏白或微黃，就像是具體而微的蚯蚓模樣，因此經常被誤認為蚯蚓的幼體。水族玩家所說的格林達爾蠕蟲（Grindal worm）或白蟲其實也是屬於線蚓一類。種類與數量都很多，在有機質豐富且潮溼的基材中容易大量增生，尤其將廚餘打碎成泥的餵食方式更是容易滋長線蚓。基本上無害，和蚯蚓同為腐食者但取食的有機碎屑極小，因此也不至於和堆肥蚯蚓有太多競爭，不過若是線蚓數量明顯過多，從基材表面就可看到成團或成片聚集的線蚓，這意味著基材可能太溼、且太多細碎顆粒，導致孔隙容易堵塞而不透氣，這時基材溼度和狀況或許需要調整。

順帶提醒，線蚓跟線蟲差很多，線蟲基本上肉眼難以發現，不要搞錯了。

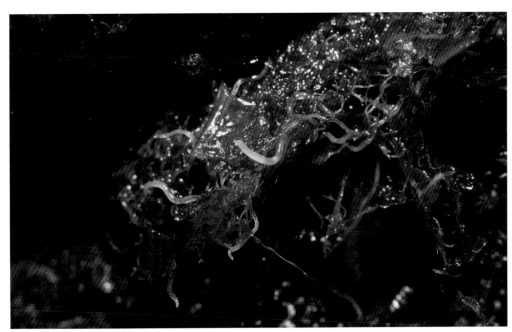

▲白色線狀扭動的線蚓。

跳蟲

　　曾屬昆蟲綱，但現已被歸類於比昆蟲更加原始的內口綱類群，種類不少，常見於基材中且數量極多。目前已知跳蟲可能取食眞菌，或者和蚯蚓同爲屑食／腐食者，基本上無害。最常見的跳蟲爲粉紅或橘紅色身體的疣跳蟲，有時也有白色個體，不清楚是否同種，另外還有體型更小、灰色體色的跳蟲。

▲橘色的疣跳蟲、白色的疣跳蟲，以及體型更小的灰色跳蟲。

蟎

　　多爲甲蟎或捕植蟎，在土壤和有機基材中的種類和數量極高，有植食性、腐食性或以其他更小動物爲食的捕食性種類，基本上對人和蚯蚓無害，只是在動手整理基材或挑出蚯蚓時會爬到手上，緊抓在指甲縫而稍微擾人。

▲甲蟎，背上有堅硬的圓甲，經常聚集在一起。

▲基材中的蟎，翻動基材時經常會爬到手上。

蛆（雙翅目幼蟲）

　　防蟲作業若沒有做好，經常會在基材中出現蠅蛆甚至虻蛆，就算用紗巾防蟲，打開紗巾放廚餘幾次後，也難免會有蚤蠅入侵產卵。總之，蚤蠅或體型類似蠅虻的蛆大致上無害，若是體型較大的蒼蠅或金蠅的蠅蛆則會跟堆肥蚯蚓搶食，筆者曾經看過蠅蛆攻擊齧食堆肥蚯蚓的慘況；而若是體型更大的黑水虻蛆則更會跟堆肥蚯蚓搶食，甚至在食物不足時以堆肥蚯蚓為食。此外，蠅蛆或黑水虻蛆偏好的環境條件以及聚集活動時產生的溫溼度變化，對堆肥蚯蚓來說都不是適合的環境，因此小規模的蚯蚓堆肥箱應盡量避免讓蠅蛆或黑水虻蛆出現和生長。

▲微小的蚤蠅蠅蛆和蛹，以及體型相近的果蠅和蚤蠅等成蟲。

▲身體柔軟、頭尖尾鈍體粗圓、身體分節不明顯的蠅蛆。

▶黑水虻蛆體型比其他蠅虻的蛆更大，體表較堅硬、身體背腹稍扁平且有明顯的體節，預蛹的體色會轉黑並且爬到乾燥處。

馬陸

　　節肢動物門多足綱的常見小動物，基本
上為屑食或腐食者，經常嗜食植物纖維，對
蚯蚓應無害，受人驚擾時可能放出黃色具怪
味的分泌物沾染在手上，但對人體無害。

▲▶蚯蚓堆肥箱裡可能會出現的各種小型和中型
馬陸。

鼠婦／潮蟲

等足目的小型節肢動物，海邊的海蟑螂即為體型較大的同類近親，基本上為屑食／腐食者，對蚯蚓無害，仔細看也是挺可愛的小動物。

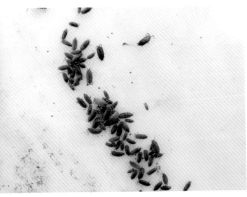

▲和海蟑螂同為等足目的鼠婦／潮蟲，有時會成群躲在遮蔽物下。

以上就是蚯蚓養殖箱裡可能會出現的陌生小型無脊椎動物，至於那些常見也叫得出名字的螞蟻、壁虎、蟑螂等輩在此就不贅述了。總之，只要能夠做好防蟲措施，其實除了線蚓跟蟎，上述這些外來客大概都不太容易出現在蚯蚓堆肥箱中，如此可以省下許多苦惱。

▲螞蟻種類很多，不見得會攻擊蚯蚓，但出現在蚯蚓堆肥箱中難免會造成操作上的困擾，盡量避免為佳。

Chapter 7.

蚯蚓堆肥箱
設置方式介紹
與管理比較

接下來讓我們仔細說明蚯蚓堆肥箱的設置方式。當然，蚯蚓堆肥箱的發展歷史至少也已經有數十年之久，已知的設置方式有好幾種，各自有其目的和優劣，在這個章節裡面也會一一說明比較。

不過，筆者在此想要先分享一個蚯蚓堆肥箱的設置方式，這個方式是筆者了解、比較並融合多種設置方式而成的新法，希望能夠解決各種方法的常見缺點，讓操作上更直覺且簡單容易。筆者自己家中現在也是以這個方式設置蚯蚓堆肥箱來處理自家生廚餘，操作上輕鬆容易，希望在此與大家分享。

這個蚯蚓箱的設置方式稱為「交替傾斜梯形法」。

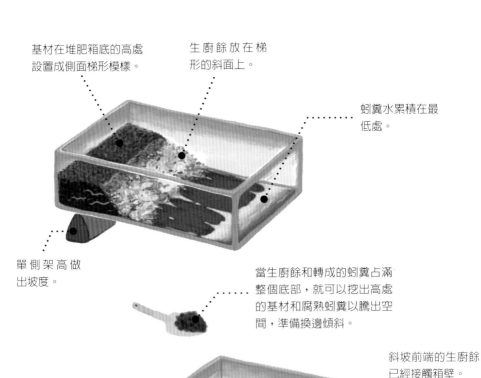

基材在堆肥箱底的高處設置成側面梯形模樣。

生廚餘放在梯形的斜面上。

蚯糞水累積在最低處。

單側架高做出坡度。

當生廚餘和轉成的蚯糞占滿整個底部，就可以挖出高處的基材和腐熟蚯糞以騰出空間，準備換邊傾斜。

斜坡前端的生廚餘已經接觸箱壁。

準備移到右側以換邊架高。

交替傾斜梯形法

該方法並不是筆者劃時代的創見，而是在操作大規模蚯蚓堆肥時體會到的可能做法，再加上 Rhonda Sherman 所著的蚯蚓堆肥指南「THE WORM FARMER'S HANDBOOK」裡頭提到的蚯蚓堆肥方法融合而成。

所謂的交替傾斜梯形法，顧名思義就是把蚯蚓堆肥箱裡面的基材，於箱子底部靠向一邊（通常是其中一側的短邊）設置，空出至少三分之一或一半的箱底，讓生廚餘有空間堆置並且被堆肥蚯蚓處理。這樣的設置，會讓蚯蚓堆肥箱裡的基材從箱子長邊側面看來成為梯形的模樣，所以命名為梯形法。設置好基材以後，可以將蚯蚓堆肥箱放置基材那一側的底部墊高，以讓整個箱子稍微往梯形的斜面方向傾斜，這樣就完成交替傾斜梯形法的設置了。

至於蚯蚓堆肥箱應該要多大、多高、多深，裡面的基材應該選擇什麼性質的材料、起始份量應該要有多少或鋪多厚，甚至是要有多少堆肥蚯蚓、箱子要不要加蓋加網等等，在前面章節已有詳細說明了，還請讀者回顧其內容即可。

在操作上，生廚餘放置的位置主要是在梯形的斜面上，萬一多到必須放至梯形頂面也請盡量避免。配合這樣的設置方式，潮溼帶水分的生廚餘會位在基材的最低處，水往低處流的特性會使基材裡面的水分往生廚餘方向移動，讓生廚餘得以持續維持潮溼以便堆肥蚯蚓取食處理。萬一基材太溼或生廚餘含水量過高，水分也會直接流到蚯蚓堆肥箱另一側的角落積存，避免讓基材持續泡在水裡而過溼甚至厭氧。

隨著時間過去，不斷放進去的生廚餘被堆肥蚯蚓處理腐熟成為蚓糞肥，這個梯形的面積就會越來越大，漸漸占滿蚯蚓堆肥箱的底部，梯形的斜邊也漸漸的靠近另一側的箱壁。當斜邊快要碰到另一側箱壁的時候，就可以把堆肥箱最高處的基材和蚓糞肥開始挖除，建議可挖掉箱底三分之一到一半的基材，以空出新的箱底空間。等到梯形斜邊真的已經碰上箱壁，而且生廚餘也差不多填滿斜邊跟箱壁間的凹處時，就可以換邊把蚯蚓堆肥箱墊高，讓傾斜方向相反過來。這樣一來，新的梯形斜邊開始承接後續生廚餘，而且同樣讓生廚餘繼續落在基材的最底部維持潮溼以便堆肥蚯蚓處理。各位讀者們應該理解，這樣更換傾斜方向的操作，就是交替傾斜梯形法的命名原因。

既然是筆者自己融合且推薦的蚯蚓堆肥箱設置做法，當然有其優點，以下列出交替傾斜梯形法的好處：

■容易控制基材水分

基材不積水，就算水澆太多或生廚餘太溼，水分也可以隨著重力流出基材積在另一側的角落，不會讓基材泡水過溼甚至厭氧。要取出蚓糞水（又稱蚓糞茶。坊間也有人稱呼蚯蚓茶，但不建議使用此一名稱）也很容易，只要使用吸瓶或是帶尖頭的軟式塑膠醬料瓶，就可輕鬆將角落累積的蚓糞水吸起來收集使用，也不需要在蚯蚓堆肥箱底打排水孔裝水龍頭，徒增排水管道堵塞或蚯蚓逃跑的困擾。

■生廚餘保持潮溼，便於蚯蚓處理

需要堆肥蚯蚓處理的生廚餘本來就該維持潮溼，才能讓堆肥蚯蚓容易取食和處理，但絕大多數的蚯蚓堆肥設置方法都是讓生廚餘位於基材表面和高處，經常在堆肥蚯蚓還來不及取食處理完畢之前就乾掉，也因此衍生出把生廚餘加蓋或埋入基材裡的手段。在交替傾斜梯形法的操作中，生廚餘就是位在基材的絕對低點，水分自然流往該處，這樣讓生廚餘可以更容易也更快被堆肥蚯蚓取

▲交替傾斜梯形法的低處會累積蚓糞水，只要用醬料瓶就能夠輕鬆收集，半透明的倒蓋塑膠盒是用來讓斜坡上的生廚餘保持潮溼，以便堆肥蚯蚓持續處理。

食處理，如果在梯形的斜面上加蓋，可保持生廚餘表面的潮溼，更有助於蚯蚓堆肥的效率。

■容易收集蚓糞肥

交替傾斜梯形法的生廚餘是在梯形的斜面上以水平方向堆置，梯形因此會在斜面那側往外延伸，而最早堆置也最腐熟的蚓糞肥和基材，則是位在堆肥箱裡較高的這一側，因此要判斷最早堆置也最腐熟的蚓糞肥位置輕而易舉，要挖出這些最腐熟的蚓糞肥毫無困難，畢竟基材和蚓糞肥上方都無任何阻礙。相較之下，稍後會提到的其他蚯蚓堆肥箱設置方式都是垂直方向的堆置生廚餘，因此越是腐熟的蚓糞肥就會落在箱底越深處，除非在堆肥箱底部有設計良好的開口得以取出箱底最腐熟的蚓糞肥，否則一般狀況下都是得從堆肥箱上方往下挖，在蚯蚓堆肥箱裡的有限空間中要避免動作太大干擾甚至傷到還在其中的堆肥蚯蚓，操作上其實頗為麻煩。更何況，位在堆肥箱最底層的腐熟蚓糞肥必定會因水分往低處流而始終潮溼，甚至泡水厭氧，也會因為上面的基材和生廚餘重量而被壓實，這些不可避免的狀況，讓收集蚓糞肥這事在其他蚯蚓堆肥箱設置方式裡頭總有諸多不便，更難以靠著良好的蚯蚓堆肥箱體設計來解決。

■容易分離蚓糞肥中的蚯蚓

交替傾斜梯形法的堆肥蚯蚓，多半都會聚集在生廚餘堆置、也最潮溼的梯形斜面前緣，最腐熟的蚓糞肥因為位在堆肥箱底部的最高處所以比較乾燥，還待在裡面的堆肥蚯蚓就會很少，因此要把這些蚓糞肥挖出來時不太需要辛苦的分離裡頭的蚯蚓。若真想徹底將挖出來的蚓糞肥裡的堆肥蚯蚓挑出來，也可以把這些蚓糞肥放在洗菜籃這類有孔洞的淺盆裡，在蚯蚓堆肥箱中架高擺個幾天，在蚓糞肥乾燥過程中，裡頭殘存的蚯蚓就會自己往下從孔洞鑽出來，回到蚯蚓堆肥箱裡比較潮溼的基材中繼續工作。相較之下，其他蚯蚓堆肥箱設置方式都是垂直方向的堆置生廚餘，越是腐熟的蚓糞肥就會落在箱底越深處，一般狀況下都得從堆肥箱上方往下挖，在蚯蚓堆肥箱裡的有限空間中難免會挖到待在較多生廚餘上層的堆肥蚯蚓；就算再小心謹慎，蚯蚓受到干擾也會往深處移動而混入深層的腐熟蚓糞肥中，於是挖出來的蚓糞肥裡面難免會夾帶不少蚯蚓。若捨不得堆肥蚯蚓這麼被移出耗損，還是需要花時間細心挑出蚯蚓，就算使用前面提到的孔洞淺盆法讓蚯蚓自行回到堆

肥箱中的基材，也會因腐熟蚓糞肥更潮溼、夾雜更多蚯蚓而需要更久時間，效果不見得好。當然，若能在堆肥箱底部有設計良好的開口得以取出箱底最腐熟的蚓糞肥，腐熟蚓糞肥中夾帶蚯蚓這問題或許就可解決大半。

■容易判斷收取蚓糞肥的時機

交替傾斜梯形法因為是往水平方向發展，基材與蚓糞肥的厚度基本上不會有太大變化，使用者可以用箱底面積還剩多少來輕鬆判斷是否該開始挖出腐熟蚓糞肥，又該挖掉多少比例的基材和蚓糞肥，如此一來，管理和操作上相當容易。反之，垂直方向堆置生廚餘的其他蚯蚓堆肥箱設置方式，越腐熟的蚓糞肥不但落在箱底越深處，還因為重力的緣故讓基材和蚓糞肥都會被壓實，在收取蚓糞肥的時機上就很難從基材與蚓糞肥增加的厚度來判斷。而且，一般狀況下都得從堆肥箱上方往下挖，也不容易分辨到哪個深度才能避開生廚餘和不夠腐熟的蚓糞肥半成品。

仔細介紹了交替傾斜梯形法，回頭來看看家戶社區規模的其他蚯蚓堆肥作法以及各自的優缺點。

傳統箱養法

所謂的傳統箱養法，就是拿一個如置物箱、垃圾桶、油漆桶等廣口容器，在底部裝上相當份量的潮溼基材與適量的堆肥蚯蚓，然後開始往基材上放置生廚餘讓蚯蚓處理。隨著時間過去，生廚餘變成蚓糞肥、日積月累到相當高度甚至接近容器開口，就需要把裡頭的蚓糞肥挖出來，以降低表面高度、便於繼續放入生廚餘。

無論這樣的容器加蓋與否、容器底部和周圍是否打洞、底部是否另外放有收集蚓糞水的小盆，這樣的設置與操作方式其實存在一些根本且難以改善的缺點。首先，傳統箱養法只有一個位於上方的容器開口可以進出，無論是放入生廚餘、挖出蚓糞肥都要從這個開口來處理，於是越是腐熟的蚓糞肥就必定在堆肥箱裡越深處，而越新鮮的生廚餘則堆積在表面，導致要挖出蚓糞肥的時候必定得先把還未腐熟的生廚餘挖至一旁，才能挖出處於較深處的腐熟蚓糞肥。再者，就算使用的箱子夠寬大，生廚餘可以分區放置，還是要面對必須挖掉上層較新鮮蚓糞肥才能碰觸到下層腐熟蚓糞肥的問題。

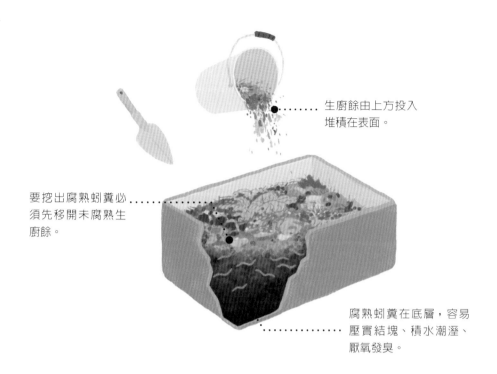

生廚餘由上方投入堆積在表面。

要挖出腐熟蚓糞必須先移開未腐熟生廚餘。

腐熟蚓糞在底層，容易壓實結塊、積水潮溼、厭氧發臭。

　　另外，基於水往下流的物理定律，在底部的腐熟蚓糞肥必定潮溼而難以乾燥，甚至可能在底部積水造成厭氧問題，劣化蚯蚓堆肥箱的狀況。也因為如此，許多使用傳統箱養法的玩家都會在箱子周邊與底部打洞以便排水，並且在堆肥箱底下再加一個淺盆接取蚓糞水。

　　但即使如此，在底部的蚓糞肥還是很難比上層的蚓糞肥乾燥，更別提在箱子周邊與底部打洞會讓蚯蚓有機會鑽洞亂跑的問題了。位在底部的潮溼蚓糞肥還會因為上層基材的重量而容易溼黏壓實結塊，讓挖取蚓糞肥作業更為麻煩。底部較深處的潮溼蚓糞肥也會吸引更多

堆肥蚯蚓持續待在其中，挖出蚓糞肥後可能還得多一道手續將其中的蚯蚓挑出來，造成某種程度的困擾。

　　因此，雖然傳統箱養法做起來非常簡單直觀，但是其單一進出開口、垂直堆疊生廚餘，以及水往下流的特性，讓它在管理上始終存有無法避免的困擾。正因如此，才會出現後續的改良做法。

111

蒸籠堆疊法

所謂的蒸籠堆疊法，就是使用好幾個如同蒸籠那樣可以嵌合堆疊、底部有夠大夠多孔洞的容器做為蚯蚓堆肥箱，在第一個容器底部放置基材和堆肥蚯蚓，並且把生廚餘放到基材表面上。隨著時間過去，生廚餘轉成越來越多的蚓糞肥，當生廚餘與基材表面已經幾乎接觸到容器上緣時，就把第二個底部同樣有打洞的容器疊上去，並且在其中繼續放入生廚餘。一般來說，蒸籠堆疊法經常會疊到三、四層，而且預期堆肥蚯蚓會持續受到新鮮的生廚餘吸引，因此待在最上層的堆肥箱裡，而最底下的堆肥箱就只剩下最舊、最腐熟的蚓糞肥。若想要取出蚓糞肥，只要把最底下的堆肥箱拿出來清空，就能得到最腐熟的蚓糞肥。

不可否認，蒸籠堆疊法解決了傳統箱養法只有單一開口、不易挖取蚓糞肥的問題。不過，個人認為當蒸籠堆疊法的蚯蚓堆肥箱疊到三、四層時，就算最上層的堆肥箱只是半滿，中間層的蚯蚓堆肥箱應該都是裝滿潮溼蚓糞肥，要搬

生廚餘由上方投入，堆積在表面。

在箱底打孔以便蚯蚓往上層移動。

放滿了生廚餘就往上增加一層。

腐熟蚓糞在最下層，取出不難，但容易積水潮溼厭氧發臭。

上搬下也是得花一點力氣，萬一蒸籠堆疊法的蚯蚓堆肥箱太大，裝滿蚓糞肥就更加笨重，所以要取出最底下那層蚓糞肥也不見得輕鬆。此外，蒸籠堆疊法和傳統箱養法一樣走垂直堆疊生廚餘的路線，因此底部的蚓糞肥必定潮溼而難以乾燥，也就同樣會有蚓糞肥溼黏、壓實結塊，而且難免有不少蚯蚓賴在最底層堆肥箱的蚓糞肥裡，屆時造成取蚓糞肥時免不了需要特別挑揀的困擾。

連續流通法

連續流通法的英文為Continuous Flow Through system（縮寫為CFT），此法和蒸籠堆疊法同樣有著讓腐熟蚓糞肥可以從下方取出的特點，而且此方法在國外有一些商品可供選購，國外也有好些相當具規模的蚯蚓堆肥場以此法操作。基本上，家戶或社區規模的連續流通蚯蚓堆肥箱會偏向瘦高形狀，或者經常做成上寬下稍窄的倒梯形，並且以柵欄，或是可開關的活板門做為底部。一

生廚餘由上方投入，堆積在表面。

腐熟蚓糞在底層，可能壓實結塊或潮溼。

蚓糞由柵欄間挖出耙出。

堆肥箱下方開口有柵欄。

開始設置時裝入基材和堆肥蚯蚓，同樣從堆肥箱上面放入生廚餘，等到越來越多的生廚餘變成厚厚的蚓糞肥時，就從底下的柵欄或打開底部的活板門，以耙子刮出最底部的蚓糞肥。

比起蒸籠堆疊法，我認為連續流通法在取蚓糞肥時會更輕鬆，因為只要從下方開口以耙子刮出蚓糞肥就好，不需要像蒸籠法那樣搬上搬下。不過，連續流通法因為也是垂直放入生廚餘，所以與蒸籠堆疊法和傳統箱養法有相同的困擾，也就是底部的蚓糞肥難免溼黏、壓實結塊、而且也可能有不少蚯蚓賴在最底層的蚓糞肥裡需要後續挑揀。此外，連續流通法的底部既然是柵欄、或是可開關的活板門，基本上就不太可能留住並累積蚓糞水，所以這個方法應該是無從收集並取用蚓糞水的，實屬連續流通法的可惜之處。

蚯蚓塔法

所謂的蚯蚓塔法，就是把筒狀容器的底部挖掉或打洞、下半段的周圍也密集打洞，接著將筒狀容器下半段埋在土裡，只露出上半段甚至頂部一小節，在其中堆置生廚餘並放入堆肥蚯蚓後加蓋。這樣的做法，理想狀況是堆肥蚯蚓在裡頭將生廚餘處理成蚓糞肥，蚓糞肥可能會因為堆肥蚯蚓在蚯蚓塔的孔洞內外鑽行移動，擴散並混合到周圍土壤中成為肥分，蚯蚓堆肥過程中滲出的蚓糞水也可以直接往外擴散到周圍土壤，以滋養周圍種植的農作蔬果或園藝植栽。

從上面的敘述看起來，理想狀況中的蚯蚓塔似乎非常便於管理。首先，因為蚯蚓塔埋在土裡，有周圍的土壤作為緩衝和更大的涵容區域，在設置上就不像前面的幾種方法那樣，需要椰纖土之類的穩定基材作為緩衝和堆肥蚯蚓的棲息區域，目前流傳的蚯蚓塔設置方法裡面也幾乎都不需要先放入基材打底，只提到直接放入生廚餘和堆肥蚯蚓就能開始進行蚯蚓堆肥；另外，因為底部和下半段都有許多孔洞，也不用擔心生廚餘在蚯蚓堆肥過程中滲出的蚓糞水在裡面累積，而是可以直接擴散到周圍土壤滋

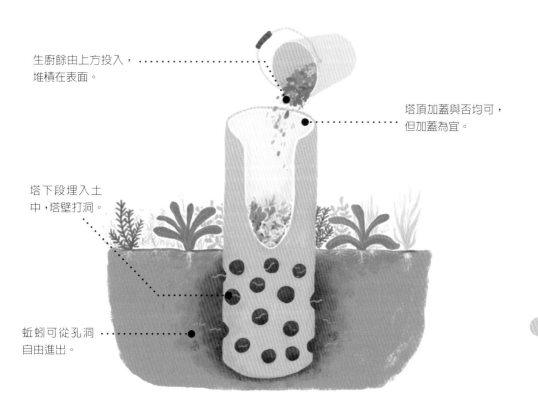

生廚餘由上方投入，
堆積在表面。

塔頂加蓋與否均可，
但加蓋為宜。

塔下段埋入土
中，塔壁打洞。

蚯蚓可從孔洞
自由進出。

養蔬果植栽：在其中的堆肥蚯蚓若有生廚餘可吃就會欣欣向榮，堆肥蚯蚓數量要是太多，或者蚯蚓塔內的食物太少、環境變差，也可以透過蚯蚓塔的孔洞往外移動到周圍土壤中，甚至有些蚯蚓塔的設置方式連放入堆肥蚯蚓這個步驟都省略，直接認定只要開始在埋入土裡的蚯蚓塔中堆置生廚餘，就會吸引周圍土壤裡的蚯蚓來處理。也就是說，蚯蚓塔

法既不用擔心水分管理問題，也不用苦惱塔內空間日漸不足還得費力挖出蚓糞肥，生廚餘轉化為固體和液體的肥分還可以直接滋養周圍的植栽，甚至連塔內的蚯蚓都不需要自己準備而只要依賴大自然的賞賜即可，看似完美，但天底下真的有這麼完美的方法嗎？

很可惜的，筆者認為以蚯蚓塔法來進行蚯蚓堆肥，其實並非如前所述那麼

理想。的確，蚯蚓塔有周圍土壤的緩衝和涵容，可能真的不太需要穩定基材就可以運作，生廚餘在蚯蚓堆肥過程中滲出的水分也會被土壤吸收而無須煩惱。但是，蚯蚓塔最大的問題在於蚯蚓塔為筒狀容器，坊間甚至經常以大口徑的 PVC 管作成蚯蚓塔，這樣瘦高的筒狀容器又有大半埋入土中，在不斷丟入生廚餘之後，從上頭往內看其實根本無從觀察了解蚯蚓堆肥的狀況，只能片面甚至接近一廂情願的認定一切運作良好。堆肥蚯蚓的習性是在有機質廢棄物的透氣表淺層活動，並不喜歡深入數十公分的廢棄物深處，所以在蚯蚓塔內垂直堆積數十公分深、在土裡又難以透氣的生廚餘，堆肥蚯蚓是否真的能夠均勻的全數處理，有待商榷。

筆者認為，在蚯蚓塔中的堆肥蚯蚓很有可能只會在生廚餘堆較上層靠近表面、透氣也較不蓄熱的部位活動並處理生廚餘，積壓在中下層的生廚餘則是接近厭氧狀態而進入厭氧分解過程，於是整體的堆肥效率就下降許多，要等待更久時間才能腐熟。再者，萬一蚯蚓塔內狀況不良、明顯發酸、發熱或發臭，在其中的堆肥蚯蚓或許可以往周圍土壤逃命，但堆肥蚯蚓畢竟是表層型而非底層型的種類，在無機質為主、溼度可能不

足的土壤中僅堪可生存，實在難以像在潮溼有機質基材中如此舒適繁盛。久而久之，真的在蚯蚓塔中工作的堆肥蚯蚓可能僅剩少數，於是蚯蚓塔的功能也就日漸衰弱，生廚餘分解的過程反而轉成依賴真菌、細菌和其他土壤中的小型無脊椎動物為主，而非原本設定的堆肥蚯蚓，但使用者卻可能仍一廂情願的認定一切運作順暢。

另一點更需要提醒的是，在蚯蚓塔中不放入堆肥蚯蚓、只想吸引土壤中原有的蚯蚓來處理生廚餘，其實也過度簡化蚯蚓的多樣性、偏好與習性。畢竟，蚯蚓塔設置的土地裡可能早就沒有蚯蚓或僅有極少數的蚯蚓存活，更別提蚯蚓還可以分成表層型、底層型與貫穿型，在食性上也有植食性、土食性以及植食兼土食的差異，只要蚯蚓塔周圍土壤中的蚯蚓不屬於表層型植食性而是底層型土食性為主的種類，那麼蚯蚓塔裡面放再多生廚餘也難以吸引周圍食性不合的蚯蚓來處理，因此生廚餘的處理過程勢必只能依靠微生物和其他小型土壤動物而導致效率不佳。總而言之，蚯蚓塔法或許看來輕鬆簡單，只要把蚯蚓塔設置在土裡就能持續丟生廚餘進去，但實際上這可能只是效率低且徒勞無功的操作，蚯蚓塔中是否真的還有堆肥蚯蚓在

工作，蚯蚓堆肥的效率如何其實都不得而知。

　　個人認為，既然有可以設置蚯蚓塔的土地，與其設置蚯蚓塔，還不如直接挖洞把生廚餘埋入土壤中，讓土壤中一定存在的微生物、容易出現的小型土壤動物，以及或許還存在的少數蚯蚓來處理這些生廚餘，或許比蚯蚓塔還更單純一點。不可否認，設置蚯蚓塔的確便於使用者投入生廚餘，但如果裡面不放入堆肥蚯蚓，是否就應該改名為「堆肥塔」

並且修正自己的認知，了解在堆肥塔裡面的生廚餘主要應該是靠著微生物和其他小型土壤動物的作用而分解腐熟，而非不見得存在於土壤中的蚯蚓。

▲土壤中也有些可取食生廚餘的底層型蚯蚓種類，但進行蚯蚓堆肥的效率一定比堆肥蚯蚓差。

蚯蚓堆肥箱各設置方式之管理比較

	交替傾斜梯形法	傳統箱養法	蒸籠堆疊法	連續流通法	蚯蚓塔法
收集蚓糞水難易度	易	易或中	易或中	中或難	無法／毋需收集
基材底部乾燥程度	優	劣	劣	劣或中	劣
收集蚓糞肥難易度	易	中或難	中	易	難或無法／毋需收集
收集蚓糞肥費力程度	低	中或高	中或高	低	高或無法／毋需收集
蚓糞肥壓實程度	低	高	低或中	高	高
判斷滿載難易度	易	中或難	中	中或難	中或難
空間需求	平面	平面或立體	立體	立體	立體且需要土地

細談擁有黑金美名的蚓糞肥

接下來就讓我們進一步討論蚯蚓堆肥後的產物，也就是蚓糞肥的特性。究竟蚓糞肥是否如同坊間傳言的那麼神奇，我們也會在這個章節裡細說分明。

堆肥蚯蚓處理有機質廢棄物產生的蚓糞才算蚓糞肥

首先要強調的是，這裡討論的蚓糞肥並非任意種類的蚯蚓便就可算數，而是專指由堆肥蚯蚓將有機質廢棄物進行蚯蚓堆肥後產生的蚓糞和基材的混合產物。之所以需要這麼義正詞嚴，是因為許多人對蚯蚓只有非常粗淺的理解，以為蚯蚓只不過是一種或幾種動物而已，忽略了蚯蚓的種類和生態多樣性，於是聽到蚓糞肥就以為只要是蚯蚓的糞便便具有肥力，甚至因而想要去收集公園地上看到的顆粒狀或條狀蚓糞來當做肥料，實在讓人啼笑皆非。

如同先前所述，蚯蚓堆肥即是在堆肥化過程中有「蚯蚓」參與其中，藉著日以繼夜在有機質廢棄物裡鑽動、攪拌、吞食、消化、排便，不僅製造空隙保持

▲這是田邊的蚓糞，但是以無機土質為主，因此算不上蚓糞肥。

通氣，更促進有機質廢棄物的粉碎、分解和轉化並加速堆肥化過程，協助微生物將有機質廢棄物進行礦化和腐植化，最後轉爲穩定、無臭、無害且具肥力的腐熟堆肥。

由於堆肥蚯蚓在蚯蚓堆肥過程中扮演重要角色，因此蚯蚓堆肥所使用的有機質廢棄物碳氮比要求較寬鬆，只要能夠確保堆肥蚯蚓可以接受，不至於拒絕甚至竄逃死亡即可。好比說碳氮比過高，無法以好氧堆肥方式升溫並順利堆肥化的稻草、落葉或木屑，也是可以用蚯蚓堆肥的方式處理；至於碳氮比較低的豬糞甚至更低的雞糞，只要做到讓堆肥蚯蚓接受，也能進行蚯蚓堆肥。

此外，又因爲堆肥蚯蚓的參與，蚯蚓堆肥比起好氧堆肥所需的時間可以更短，而且單位體積裡有越多的蚯蚓參與，有機質廢棄物轉化爲腐熟堆肥的速度也可以越快。更棒的是，因爲有機質廢棄物轉化爲腐熟堆肥的時間大幅縮短，肥力也得以保留更多，不至於在個把月的堆肥過程中被微生物消耗分解殆盡；而且蚯蚓堆肥的產物乃是經由蚯蚓消化

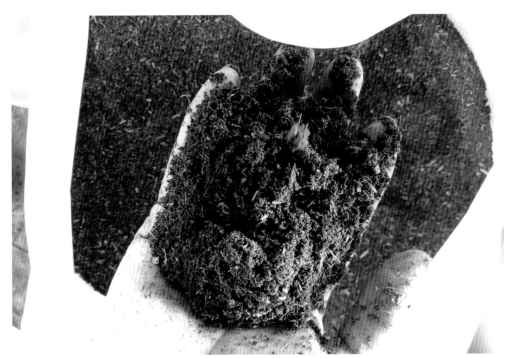

▲豬糞與牛糞混合並且經蚯蚓堆肥轉爲腐熟的蚓糞肥。

排出的蚓糞肥，其中的菌相經過蚯蚓腸道的調整變得更為均衡且有益，物理性質比起傳統堆肥的產物也有過之而無不及，這也是近年來在有機質廢棄物處理領域裡，蚯蚓堆肥日益受到重視的原因。

▲蚯蚓堆肥 15 天後的牛糞渣就已經幾乎處理完畢。

蚓糞肥是最好的有機肥，真是如此嗎？

坊間傳言蚓糞肥是最好的有機肥，這就太言過其實了。蚓糞肥的確具有某些特別之處，但真的厲害到穩坐最好的有機肥這個寶座嗎？讓我們來好好討論一番。

首先來比肥力，蚓糞肥絕對不會是有機肥裡面的肥力之王，這一點毋庸置疑。以肥力三要素：氮、磷、鉀來看，蚓糞肥的氮磷鉀通常都不會太高，因為受限於堆肥蚯蚓的能耐，能夠以堆肥蚯蚓處理的有機質廢棄物通常無法太過營養，否則就會被堆肥蚯蚓拒絕，甚至造成蚯蚓竄逃或死亡。所以，像植物渣粕、魚粉、動物性下腳料如此高氮磷的廢棄物，或是檳榔梗、香蕉莖、草木灰等這類高鉀的廢棄物，要用堆肥蚯蚓處理並且轉為蚓糞肥，基本上是難上加難；退一步而言，禽畜糞中肥力數一數二的雞糞，要不添加副資材讓堆肥蚯蚓處理也是相當不容易，即便草食的羊糞或雜食偏草食的豬糞，也會因為糞粒過乾、電導度偏高或氮磷過高，經常有堆肥蚯蚓不適應的問題發生。因此比起現在通路上四處可見的植物渣粕肥、魚廢渣肥、動物廢渣肥、副產動物質肥、氮質海鳥糞肥，或是最近又活躍的雞糞加工肥，堆肥蚯蚓能夠接受的有機質廢棄物所含的氮磷鉀，通常是比不上的。

▲肉雞養殖場的雞糞混粗糠墊料，即使混了牛糞渣依然造成堆肥蚯蚓不適竄逃。

此外，有些人常過度神話蚯蚓，總以為無論以什麼有機質廢棄物為原料，蚓糞肥都可以提昇肥力，這簡直就是把堆肥蚯蚓當成無中生有的魔術師了。事實上，如果都是以相同的有機質廢棄物為原料，蚓糞肥並不比傳統好氧堆肥製成的有機肥更有肥力，其中的氮磷鉀比例也不會有明顯改變，頂多只是比較高一點，而這樣的肥力差異可能是來自於好氧堆肥過程拉得太長，讓微生物消耗掉太多的肥分；或者是蚯蚓堆肥過程中

將有機質廢棄物的肥分濃縮，使得單位肥力提昇之緣故。無論如何，肥力的主要關鍵在於原料，而不在蚯蚓是否吃過再轉化為蚯糞，蚯蚓在消化過程中能夠造成的氮磷鉀比例變化有限，而且一定會從其中吸收部分做為營養來源，所以幾乎無法讓蚯糞肥在氮磷鉀的比例上有大幅度提昇。

乳牛糞經蚯蚓堆肥處理前後之成分對照

	蚯蚓堆肥前	蚯蚓堆肥三週後
酸鹼度（1:5）	6.9	6.6
電導度（1:5）（ds／m）	1.2	1.4
有機質（%）	86	88
氮（%）	1.6	1.7
磷酐（%）	0.7	0.7
氧化鉀（%）	0.2	0.1
氧化鈣（%）	1.8	2
氧化鎂（%）	0.5	0.5
銅（ppm）	50.5	53.6
鋅（ppm）	276.1	288.8
鎘（ppm）	0.4	0.5
鎳（ppm）	4	3.9
鉻（ppm）	3.8	3.8
鉛（ppm）	44.3	70.5

乳牛糞經蚯蚓堆肥三週後，肥力指標幾乎沒有太大差別，重金屬濃度也是，可見三週的蚯蚓堆肥過程還不至於讓肥力三要素與重金屬明顯濃縮，至於鉛濃度大幅增加則可能是場地因素的影響。

蚓糞肥的獨特優點

蚓糞肥的確擁有許多獨特的優點，因此在肥料的其他層面上會更有功效。首先，蚓糞在堆肥蚯蚓消化道中經過充分混合，被排出時又已經塑型，因此蚓糞肥某種程度上已經團粒化，蚓糞肥高比例的有機質成分對土壤結構也相當有益，更能夠增進土壤或肥料的養分效度；又加上蚓糞顆粒中充滿孔隙，有利多樣的微生物在其中生長。此外，蚓糞經過蚯蚓消化道的調整，蚓糞肥的菌相比起堆肥而成的有機肥更為多樣且平衡，其中還富含腐植酸鈣，能夠減緩水分散失，並且有助於益菌的培養和增殖。

蚓糞肥中也富含大量的益菌，讓蚓糞擁有抑制病害的功效，尤其是抑制土壤真菌造成的病害更是卓越。另外，將蚓糞肥泡水製成蚓糞水（或稱蚓糞茶）用來澆灌土壤，也具有抑制根瘤線蟲鑽根和孵化的效用。綜上所述，雖然蚓糞肥並不比其他有機肥在氮磷鉀比例上更突出，但是不相上下的肥力加上眾多獨特的優良特性，的確值得多加利用。

▲比起圖片左方的新鮮豬糞，圖片右方的豬糞經蚯蚓堆肥後成為色黑且細碎的蚓糞肥，氣味也大有不同。

蚓糞肥不含重金屬和農藥，真是如此嗎？

坊間的傳言中常常提及蚓糞肥是極純淨的有機肥，不含重金屬和農藥。這說法或許是建立在另一個「蚯蚓據說可以吸收重金屬和農藥」的傳言上頭，但這並非事實。

不可否認，有不少研究發現蚯蚓可以吸收重金屬，然而也有好些研究點出蚯蚓無法吸收重金屬，甚至在重金屬汙染的基材中死亡。追根究柢，其實還是那句老話：蚯蚓有很多種，每一種蚯蚓對重金屬的生理反應和耐受程度不一。更何況重金屬也有很多種，濃度也有各種可能，毒性當然就也有各種變化，因此本來就不能夠以「蚯蚓可以吸收重金屬」這樣一句話帶過。

到頭來，蚓糞的成分端視原料而定，如果餵給蚯蚓的有機基材中含有重金屬，且濃度在蚯蚓可容忍的範圍之內，則重金屬經過蚯蚓的消化道後可能會有部分被吸收進蚯蚓體內，剩下的則是成為蚓糞的內含物一起排出。重金屬畢竟不是蚯蚓消化道的重點吸收成分，因此並不會被蚯蚓大量且主動的吸收，更何況許多重金屬具有強烈毒性，蚯蚓的耐受濃度也不高，所以從消化道中能夠吸收的份量也極少。以筆者手邊的數據看來，堆肥蚯蚓將禽畜糞轉為蚓糞的過程中，只要時間一久，重金屬濃度幾乎是一定上升，這就跟肥力指標如氮磷鉀鈣鎂的濃度上升同樣是因為濃縮的緣故。若蚯蚓堆肥的速度極快，或許還有機會讓重金屬濃度不再上升，但要降低重金屬濃度甚至去除重金屬，那大概是難以實現了。

至於農藥問題，殘留在蚓糞中的可能性則與該藥物的安定性有關，若是該種農藥非常安定而難以降解，蚯蚓也很難透過消化分解或吸收的方式將其去除，於是蚓糞中必定還是會有此一藥物殘留；反之，若是不穩定且容易降解的農藥，則在蚯蚓的消化道中將會加速分解，蚓糞中的農藥濃度就會比原本基材中來得更低甚至為零。不過一般而言，蚯蚓對各種農藥的敏感度都很高，稍微有點農藥殘留蚯蚓就可能竄逃甚至死亡，或許某種層面來說，能夠以蚯蚓堆肥處理的有機質廢棄物，大概就已經具有某種程度上低度農藥殘留的安全性了吧。

蚯蚓每天食量多少？

在堆肥蚯蚓養殖和蚯蚓堆肥的交流中，不時會聽到「蚯蚓每天吃下體重一半的食物」這種說法，有時候這個數字甚至上升到「體重相等」或「體重數倍」的地步。或許對於傳言者來說，這樣的說法可以用來吸引聽眾，讓大家覺得蚯蚓是個食量奇大，可以迅速將生廚餘和禽畜糞等有機質廢棄物吃乾抹淨的好幫手，因此以此宣傳。但問題在於：這樣的說法是眞的嗎？

其實只要對蚯蚓有些了解，就可以知道這個說法大有問題。首先，蚯蚓有那麼多種，食性至少可大致分為植食性和土食性兩個傾向，植物殘體和泥土的比重就差那麼多，更別說植物殘體也有各種可能，再怎麼樣也絕對不是一個數字就可以把蚯蚓的食量概括了結的。

▲植食性（上）和土食性（下）的蚯蚓，每天的食量跟體重的比例不可能一樣。

就算我們認定此傳聞裡面的蚯蚓是特指能被人類大量養殖用來進行蚯蚓堆肥的那幾種堆肥蚯蚓好了，單單在臺灣的三種堆肥蚯蚓，其體型大小不一、溫度偏好也略有不同，甚至行為習性也有所區別，要說這三種堆肥蚯蚓的食量都一樣，或每天吃進體重的一半或多少，也不是那麼容易。

更重要的是，堆肥蚯蚓的食物雖然都是有機質廢棄物，但有機質廢棄物種類繁多，從禽畜糞到廢棄菇包的木屑，從咖啡渣到果皮菜渣等生廚餘，在在都是不同的性質與密度，更別說同樣的有機質廢棄物還有腐爛或腐熟程度的區別。所以，要說堆肥蚯蚓每天取食多少比例體重的食物，這種妄想用一個數字解決所有可能性的說法並不客觀。

不過，既然這說法甚囂塵上，筆者也不禁對它的出處好奇起來。經過一番搜尋後發現，網路上的中文資料裡，蚯蚓每天的食量從一半體重到一倍體重、甚至一倍以上體重的說法都存在；同樣的，在英文網頁中也看到蚯蚓每天取食 50%、75% 乃至 150% 體重的說法。看來全世界都有同樣的毛病，想要以一個簡單明瞭的說法來解答明明就很複雜的現實狀況。

◀▲牛糞渣、豬糞渣、厭氧汙泥，各自的性質與組成大不相同，給堆肥蚯蚓處理的效率也不一樣，所以蚯蚓每天取食的份量跟體重的比例當然也不同。

到頭來，還是回到以科學文獻找答案吧。早在四十年前，科學家用直徑 10 公分的小培養皿內裝活性汙泥飼養歐洲紅蚯蚓做實驗，就得到「歐洲紅蚯蚓在這樣規模的實驗設置中，每天取食 80% 體重的活性汙泥」結果。各位讀者可別見獵心喜以為這就是真理，因為其他科學家的研究也發現，只要處理的廢棄物有變（例如從活性汙泥變成紙漿汙泥），或是實驗規模有變（例如從直徑 10 公分培養皿變成一公升小盒子），同一種堆肥蚯蚓的每日取食重量就不會是體重 80%，好比說有些科學家的實驗結果得到的數字就是堆肥蚯蚓每天取食 100% 體重的食物。很快的，知名的蚯蚓科學家們就歸納出一個小結：蚯蚓的食量多少這數字變化之大，取決於蚯蚓種類、

食性、餵給牠什麼食物，以及食物的準備與預處理方式。若餵給蚯蚓的食物很難吃或不適口，蚯蚓當然就吃得少，反之亦然。

因此，若真想要一個簡單的答案，我們可以說科學家們的答案都沒錯，坊間傳聞的蚯蚓食量不管是一半體重、一倍體重還是五倍體重也都沒錯。反正不同的蚯蚓種類、不同的食性、不同的食物和準備方式與預處理，組合起來就會有各式各樣的可能。

而既然所有的數字都沒有錯，反過來也就是所有的數字都是錯的。盡信書不如無書，忘記「蚯蚓每天的食量是體重的 xx%」這沒有意義的說法，生活會比較自在輕鬆。

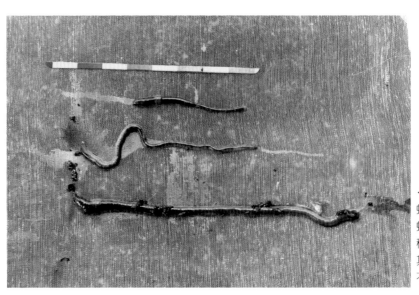

◀即使都是堆肥蚯蚓，三種堆肥蚯蚓就算取食同一種有機質廢棄物，其效率可能還是不同。

Chapter 10

不小心弄斷蚯蚓怎麼辦？談蚯蚓的再生

設置了蚯蚓堆肥箱，在翻動或挖取蚓糞的過程中難免不小心誤傷蚯蚓，不過坊間傳言蚯蚓被切成兩段可以變成兩隻，因此好像可以鬆一口氣。然而，這傳言是真的嗎？

蚯蚓切成兩段可以變成兩隻，恐怕是蚯蚓迷思裡面最常見、也最有誤的第一名了。的確，就像蜥蜴斷尾能夠再生一樣，蚯蚓也擁有相當強大的再生能力，多年來坊間一直都有「蚯蚓切成兩段會變成兩隻」的傳聞。然而事實上目前所知多數的蚯蚓種類都沒有這麼強大的再生能力。

不可否認，蚯蚓的再生能力遠超過人類和多數動物，無論是因為自割或是意外，蚯蚓失去了部分的身體，的確能夠在傷口癒合後再慢慢將失去的身體體節長回來，但也就像蜥蜴再生的斷尾一樣，一般蚯蚓再生長回來的身體部位顏色變得較淺，寬度可能也稍小。相對的，同樣是失去了部分的身體，人類在沒有感染的狀況下僅只能夠將傷口癒合，從此維持殘缺的狀態。

▲野外發現的天秤腔環蚓，體長過短、體節數也偏少，很可能是自割或遺失尾段的個體。

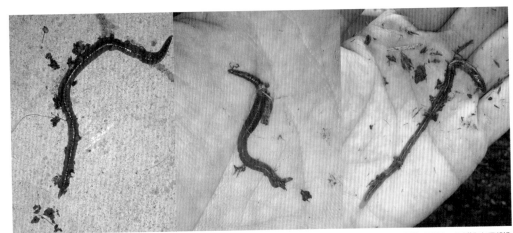

▲同樣都是失去後段，但分別處於不同再生階段的三隻非洲夜蚯蚓。左圖個體為再生初期，可觀察到斷口處的再生小肉芽；中圖個體已是再生中後期，再生部位的長度與粗細已接近原有的樣貌；右圖個體再生已完成，再生部位的體型體態幾乎沒有差異，僅有顏色上稍淡的區別。

話雖如此，蚯蚓的再生能力依然有其極限。當失去的是部分後段身體時，蚯蚓幾乎都能夠將失去的相當比例體節再生回來，因為後段身體體節中只有腸道和一些基本構造與器官。但相對的，若失去的是部分前段身體，由於消化系統、生殖系統、神經感覺系統中的主要器官都集中在身體前段，要將這些器官再生回來就困難得多，所以，當一隻蚯蚓從中被切成兩段，通常只有前段能夠癒合傷口並活下來，之後可能只再生回部分失去的體節，因此身體會變得比較短，體節也比較少。至於後段身體，可能可以癒合傷口再存活一陣子，但是難以再生回失去的前段身體，因此終究會死亡。以臺灣絕大多數的環毛蚓種類而言，其再生能力大概都僅只於此。

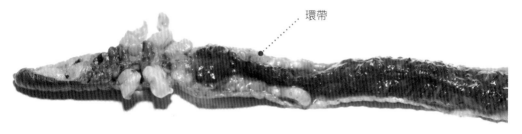

環帶

▲蚯蚓解剖照片，可以看到多數器官都集中在前段，過了環帶以後體內幾乎就只有腸道和背血管綿延不斷到尾端，所以當蚯蚓被切成兩段時，擁有多數器官的前段要再生的只有腸道與背血管，比起只有腸道與背血管的後段要再生幾乎所有器官當然是簡單得多。

少數幾種再生能力特別好的蚯蚓

話說的確有少數蚯蚓種類的再生能力特別強大，被切成兩段後也能夠各自癒合傷口，並將失去的身體再生回來。例如非洲夜蚯蚓被切成兩段後的確可以各自再生成為兩隻；而再生能力更強的印度藍蚯蚓，即使是被平均切成三段，三段也都能夠各自長成完整的個體。

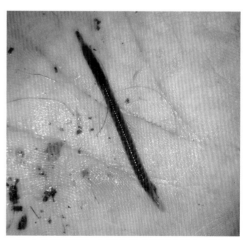

▲失去前段且正努力再生的非洲夜蚯蚓，前段再生的能力在蚯蚓中實在少見。

然而，即使切成兩段真的能夠再生成兩隻，其切斷的位置也是關鍵，若是切的位置太過偏向一端，那麼體節太少的那一段就有極大可能會死亡，無論是尾部或頭部皆如此。以歷史悠久且知名的堆肥蚯蚓赤子艾氏蚓為例，若是切在第 23 ／ 24 節之後，前段還能將失去的後段再生回來，但後段就會變得太短或損失太多重要器官而無法再生回失去的前段；相對的，如果切斷的位置在第 20 ／ 21 節之前，那麼前段就變得太短而無法再生回失去的後段，但後段還是有能力再生回失去的前段。也就是說，以赤子艾氏蚓而言，只有切在第

20 ／ 21 節和第 23 ／ 24 節之間，前後兩段才可能各自再生回失去的身體，最後成為兩隻。

此外，在蚯蚓再生過程中，偶爾也會看到再生出錯、長出兩條尾巴或是多一個小頭的個體。總之，這個迷思雖然如此普遍又歷史悠久，卻終究只是以訛傳訛而已。

最後補充，要說真正辦得到切成兩段變兩隻的動物類群，恐怕只有扁形動物的渦蟲和刺絲胞動物的水螅才稱得上名符其實，此兩類群動物的再生能力之強，甚至能夠僅僅靠著一小塊破碎肢體就再生成五臟俱全的袖珍個體，相較之下，蚯蚓的再生能力真是徹底被高估了。

▲再生能力數一數二的渦蟲，才是真正被切成幾段就能再生成幾隻的動物。左一的渦蟲個體較小，很可能就是從左二那樣的部分身體碎片再生而成的。

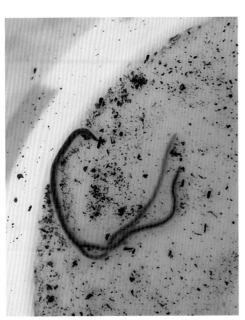
▲再生的過程中也可能會出錯，因而出現雙尾的蚯蚓個體。

Chapter 11.

好像聽到蚯蚓堆
肥箱裡有聲音，
蚯蚓會叫嗎？

設立了蚯蚓堆肥箱以後，或許會不時的在堆肥箱前面查看狀況，也許有時候會聽到箱子裡面出現聲響，或許是細碎的啵啵聲、或是斷續的唧唧聲。你可能會好奇，這些聲音難道是蚯蚓發出來的嗎？難道老一輩人傳言蚯蚓會叫這件事情是真的嗎？

迷思：據說蚯蚓會叫？

這個迷思的答案很簡單，就是「蚯蚓不會叫」，但值得好好與大家細細說明釋疑一番。

在過去多場蚯蚓相關演講後的問答中，不時有長輩們詢問這個問題。長輩們多半是聽說蚯蚓會叫，但半信半疑，有時候則是會提出臺灣歌謠「秋風夜雨」的歌詞：「風雨聲音擾亂秋夜靜，時常聽見蚯蚓哭悲情……」做為傳言依據。

筆者曾做過小小考據，「秋風夜雨」並不是唯一一個提及蚯蚓會叫的歷史文本。往古追溯可以發現，明朝李時珍（1518～1593）在巨著《本草綱目》中也如此描述蚯蚓：

> 「季夏始出，仲冬蟄結，雨則先出，晴則夜鳴。」

同為明朝的詩人龐尚鵬（15??～1582）在《蚯蚓吟》中也如此訴說蚯蚓藉以寄情：

> 「日月中天轉，人間幾度秋。長鳴如有恨，幽抱本無求。偃蹇忘三窟，逍遙藉一丘。浮生能自遣，何地不瀛洲。」

繼續追溯上去，還有身為唐宋八大家之一的知名宋朝文學家歐陽修（1007～1072），在《雜說》中提及蚯蚓會叫一事：

> 「蚓食土而飲泉，其為生也，簡而易足。然仰其穴而鳴，若號若呼，若嘯若歌，其亦有所求邪？」

再往前看，更有四位唐朝文學家在作品中論及蚯蚓鳴叫之事。如唐朝詩人盧仝（795～835）作《夏夜聞蚯蚓吟》一詩，藉蚯蚓吟叫寄詠抒懷：

> 「夏夜雨欲作，傍砌蚯蚓吟。念爾無筋骨，也應天地心。汝無親朋累，汝無名利侵。孤韻似有說，哀怨何其深。泛泛輕薄子，旦夕還謳吟。肝膽異汝輩，熱血徒相侵。」

還有唐宋八大家之一、知名唐朝文學家韓愈（768～824），在《游城南十六首其十一：晚雨》中提到傍晚雨後

蚯蚓鳴叫的光景：

「廉纖晚雨不能晴，池岸草間蚯蚓鳴。投竿跨馬蹋歸路，才到城門打鼓聲。」

或是唐朝詩人顧況（725～814）在《歷陽苦雨》中，以蚯蚓吟唱來借景訴情：

「襄城秋雨晦，楚客不歸心。亥市風煙接，隋宮草路深。離憂翻獨笑，用事感浮陰。夜夜空階響，唯餘蚯蚓吟。」

而唐朝詩人東方虬（690～705 武后時為左史）的《蚯蚓賦》，或許是「蚯蚓會叫」這個說法的始作俑者：

「……雨欲垂而逃見，暑既至而先鳴……」

蚯蚓到底會不會叫，其實只要觀察牠的身體構造是否具有發聲和共鳴的結構，就可推知答案。很遺憾的，目前在各種蚯蚓身上並沒有發現任何能夠發聲或共鳴的解剖構造，因此「蚯蚓會叫」應該是觀察不實的誤導結果，而且是個從唐代開始就流傳下來的訛言。當然，文學家與詩人們很可能真的聽見土裡草叢間傳出幽微而悠長的吟鳴聲，但那些土裡傳來的聲響，應該都是土壤中已知的諸多鳴蟲如螻蛄、蟋蟀等發出來的，跟蚯蚓沒有關係。

▲蚯蚓的外部形態中，沒有任何可以發聲的構造。

▲蚯蚓的內部構造中，沒有任何可以發聲共鳴的結構。

▲螻蛄、蟋蟀等鳴蟲，可能才是土壤草叢中鳴叫的源頭。

137

然而，蚯蚓雖然不會叫，但是在潮溼的土壤或基材中鑽動時，的確可能發出聲響。堆肥蚯蚓在潮溼的基材中高密度養殖時，的確會因為攪動或鑽動基材而發出細微的泡泡聲或啵啵聲，只要四周安靜並且稍微靠近就能夠聽見。此外，澳洲巨蛇蚓這種全世界最大的蚯蚓在地底的隧道迅速移動時，也會因為自身的潮溼體表和周圍潮溼的土壤，而發出明顯可聞的咕嚕聲或隧道空氣抽吸的聲響。

所以總而言之，如果你在蚯蚓堆肥箱前面聽見細碎的啵啵聲，那麼就是箱子裡面的堆肥蚯蚓正在潮溼基材裡鑽動取食，一聲不吭的牠們製造出這些聲響，正是辛勤處理生廚餘、進行蚯蚓堆肥的指標。但如果你聽到的是規律清晰的唧唧如蟲鳴、甚至是尖銳響亮的嘰嘰聲，那八九不離十表示蚯蚓堆肥箱的防蟲做得不好，有蟋蟀之類的鳴蟲、吃蟲的壁虎、吃蚯蚓和昆蟲的錢鼠、或是什麼都吃的老鼠跑進你的蚯蚓堆肥箱裡大快朵頤，該趕緊亡羊補牢做好蚯蚓堆肥箱的防蟲工作了。

澳洲巨蛇蚓的影片。

◀高密度養殖的堆肥蚯蚓在潮溼基材中活動時，的確可能發出啵啵聲。

▶會發出尖銳嘰嘰聲的臭鼩，因為叫聲如臺語發音的「錢」字而俗稱錢鼠，食蟲為主，因此也吃蚯蚓。

Chapter 12

失敗的蚯蚓堆肥箱怎麼了？

正常狀況下，堆肥蚯蚓都是避光且躲在基材裡或遮蔽物下，但有時候蚯蚓堆肥箱裡頭難免出現堆肥蚯蚓爬出來在箱壁上遊走，甚至往上想要逃出堆肥箱的狀況，這顯然就是蚯蚓堆肥箱出問題了。

為了協助讀者迅速找出問題所在，以下條列式指出蚯蚓不安分四處亂爬的可能原因以及相應的解法。

剛設置一週以內的蚯蚓堆肥箱

■蚯蚓種類錯誤
解法：請改用堆肥蚯蚓

設置蚯蚓堆肥箱來處理家戶生廚餘，需要使用的蚯蚓應該是能夠大量養殖、住在潮溼有機質基材裡面、取食生廚餘的堆肥蚯蚓，這樣的堆肥蚯蚓在臺灣已知有三種，分別是歐洲紅蚯蚓、印度藍蚯蚓和非洲夜蚯蚓。如果蚯蚓堆肥箱裡面的蚯蚓並非這三種蚯蚓，而是從野外、農地、花園、河邊等土壤中挖回來的蚯蚓，那麼幾乎可以確定這些挖回來的蚯蚓並不適合蚯蚓堆肥箱的基材與環境，也不會取食家戶生廚餘，因此再怎麼精心設置蚯蚓堆肥箱、悉心準備多少家戶生廚餘也無濟於事，這些土裡面

挖來的蚯蚓不出幾天大概都會爬出基材四處亂跑或癱軟死亡。切記，設置蚯蚓堆肥箱以處理家戶生廚餘，一定要使用堆肥蚯蚓。

■基材有問題
解法：請使用單純、腐熟而安定的基材

剛設置的蚯蚓堆肥箱如果使用了錯誤的基材，就有可能讓堆肥蚯蚓不適應，不願進入基材中生活而四處跑。設置蚯蚓堆肥箱需要的基材是越單純、越腐熟而安定越好，例如椰纖土就是很適合的基材。如果使用的是園藝培養土，裡頭可能會添加殺菌劑、肥料等額外成分，有可能因此導致蚯蚓不適應、不舒服而拒絕進入；有些人會使用撿回來的落葉當做基材，但是草木種類繁多，落葉是否對蚯蚓無害也很難說，例如阿勃勒的葉子就含有對蚯蚓有刺激性的成分，且落葉上如果才剛施用藥劑或殺蟲劑，也可能導致蚯蚓竄逃。就算是使用碎紙或泡水瓦楞紙等，也可能有墨水或紙張藥劑的疑慮。因此，建議蚯蚓堆肥箱初始設置的基材，還是以最單純、安定又腐熟的椰纖土為佳。

■蚯蚓堆肥箱的位置不佳

解法：調整蚯蚓堆肥箱的位置

　　蚯蚓堆肥箱內部設置得再好，如果放在錯誤的位置也是徒然。蚯蚓堆肥箱應放置在不被太陽直晒、也不淋雨的陰涼處為佳，要特別提醒的是，所謂不被太陽直晒，是一年四季的任何時候都不能被太陽直晒才好。有時候，讀者以為放置蚯蚓堆肥箱的位置不會被太陽直晒，但其實在清晨或傍晚時陽光斜射就會晒到太陽，或者是周圍有反射較強的平面而被反射來的陽光照到，在這樣的疏忽下，不出幾天整個蚯蚓堆肥箱就容易因為過熱導致蚯蚓竄逃且死亡。同樣的，如果蚯蚓堆肥箱會被雨水噴濺到甚至淋溼，也難以避免其中的蚯蚓爬上溼漉漉的箱壁內部四處遊走甚至翻牆外逃。因此，務必確認蚯蚓堆肥箱的位置不直晒、不淋雨。

　　值得注意的是，有些讀者喜歡把蚯蚓堆肥箱放在透天厝頂樓遮蔭處，或許該處不直晒也不淋雨，但是頂樓的水泥樓板和牆壁整天直接曝晒而發燙，到了夜晚也會持續的散發輻射熱，放在附近的蚯蚓堆肥箱恐怕難以保持涼爽，因此這樣的位置對蚯蚓堆肥箱來說可能不太適合。

■溼度調控不良

解法：減少加水或稍微補水以調整基材溼度

　　對蚯蚓堆肥箱的新手來說，溼度調控並不是一件容易的事，尤其坊間說法又經常建議往堆肥箱裡噴水，如果再加上蚯蚓堆肥箱以傳統箱養法來操作，底部積水就更是難以避免。一旦加太多水讓基材太溼甚至泡水，或者過猶不及讓基材不夠潮溼，過了幾天後水分蒸發太快而太乾，也會導致蚯蚓四處跑。坊間說法經常建議基材的溼度以稍微捏得出水為宜，不過當蚯蚓堆肥箱開始運作以後，坦白說也沒有多少人會想要再去把基材撈起來擠壓出水判斷溼度適宜與否。因此，建議一開始時就選擇容易管理溼度的操作方式，如交替傾斜梯形法，再搭配初始設置時合宜的基材溼度，就算往基材裡加太多水也會流到蚯蚓堆肥箱的低處，不至於累積在基材裡面造成泡水或厭氧，後續就可以省事，也放心得多。

■食料控制不當

解法：斟酌生廚餘種類，拿捏一次投入份量

　　常見的狀況是，一旦設置了蚯蚓堆肥箱就以為天下太平，於是不管產生了

多少生廚餘都一次塞進去，結果在堆肥蚯蚓還來不及處理完畢就開始發酸發臭發熱，腐敗出水，導致蚯蚓堆肥箱環境敗壞、蚯蚓四處竄逃。除了食料一次給太多之外，放了不適當的生廚餘甚至熟廚餘也會導致蚯蚓竄逃，因此，面對剛設置好的蚯蚓堆肥箱，請務必從少量生廚餘開始投入，慢慢拿捏一次可以投入的生廚餘份量上限，就算無法在下一次投入生廚餘時就吃完，只要不會迅速發酸發臭發熱，腐敗出水，都還算是蚯蚓堆肥箱可以承受的份量。當然，不同的生廚餘也會有不同的特性，還請讀者對照前面的章節，判斷自己手上常有的生廚餘類型該一次投入多少份量為宜。

■天氣陰雨潮溼
解法：保持箱壁內面乾燥，在堆肥箱上打燈

　　不管是剛設置或是已經運作個把月的蚯蚓堆肥箱，面對大氣溼度的變化反應都是一樣的。當天氣陰雨潮溼時，就算蚯蚓堆肥箱的位置得宜不會被雨水噴濺到，箱壁內面還是會因為空氣溼度高而泛潮甚至凝結小水珠。這樣的狀況下，堆肥蚯蚓就很常從基材裡爬出來，在潮溼的基材表面和堆肥箱壁內面上四處遊走，陰雨天時涼爽的空氣和陰暗的亮度

更會讓蚯蚓肆無忌憚。而且，即使已經如同前面章節所說，在基材表面到堆肥箱壁上緣留有大片的壁面，蚯蚓堆肥箱也不加蓋以保持通風和壁面乾燥，堆肥蚯蚓還是難免會亂跑。此時，唯一的做法可以試著在蚯蚓堆肥箱上面外加光源，而且無論白天或晚上都可以點燈，讓天性避光的蚯蚓盡量不要出來四處遊走。

■堆肥蚯蚓尚未適應新環境
解法：混合蚯蚓原本基材並在箱上打燈

　　蚯蚓畢竟是生物，既然是生物就會有無法預測或難以理解的偏好和條件需求。有時候，即使已經做好萬全準備和合宜設置，堆肥蚯蚓也還是可能不太適應新環境，因而縮成團不願進入基材中甚至四處遊走。因此，建議各位讀者在設置新的蚯蚓堆肥箱時，可以保留蚯蚓原本生活在其中的基材，並且把這些基材和蚯蚓一起放入新的蚯蚓堆肥箱的基材上，讓蚯蚓能夠先在熟悉的環境裡面待著，再慢慢的進入新的基材和環境裡，也可以同時在堆肥箱上點燈，讓蚯蚓為了避光盡快鑽入新基材中，或至少不至於亂跑。一般來說，這樣的操作都可以相當程度減少蚯蚓移居新環境時的不適應狀況。

已經運作數個月無礙的蚯蚓堆肥箱

■水分積在底部導致過溼厭氧
解法：混入乾燥基材並減少給水

　　對於已經運作無礙個把月的蚯蚓堆肥箱而言，如果突然出現蚯蚓不安分四處遊走的狀況，有可能是箱裡的水分日積月累漸漸過多，因此讓堆肥箱底部過溼甚至厭氧，導致堆肥蚯蚓不適而開始遊走，這種狀況在傳統箱養法和蒸籠堆疊法尤其常見。建議可以挖開基材看看底部是否溼黏積水甚至出現厭氧臭味，如果發現底部過溼、積水或厭氧，建議可以挖出部分底部的基材，另外補充一些新的乾燥基材進去，減少給水並且更仔細的控制水分，這樣才可以避免相同的窘況反覆發生。

■食料控制不當
解法：斟酌生廚餘種類，拿捏一次投入份量

　　即使蚯蚓堆肥箱已經運作無礙數個月，有時候難免一時失手加入過多或不適當的生廚餘，再加上可能天氣日漸炎熱的季節變化，結果在堆肥蚯蚓還來不及處理完畢就開始發酸發臭發熱，腐敗出水，導致蚯蚓堆肥箱環境敗壞、蚯蚓四處竄逃。因此，即使已經是運作無虞數個月的蚯蚓堆肥箱，還是建議要拿捏一次可以投入的生廚餘份量上限，而不同的生廚餘也會有不同的特性，還請讀者對照前面章節，判斷自己手上常有的生廚餘類型該一次投入多少份量為宜。

■蚯蚓堆肥箱的位置不佳
解法：調整蚯蚓堆肥箱的位置

　　有一個可能的狀況是，蚯蚓堆肥箱放置的位置，一開始的確是在沒有太陽直晒也不淋雨的陰涼處，但是過了幾個月太陽運行的方位改變，結果在白天的特定時候蚯蚓堆肥箱就會照到太陽或是周圍反射而來的陽光，這樣的狀況下不出幾天，整個蚯蚓堆肥箱就容易因為過熱導致蚯蚓竄逃且死亡。因此，務必確認蚯蚓堆肥箱的位置在任何時節都不直晒、不淋雨，保持對蚯蚓堆肥箱周圍環境的敏銳度，才能確保蚯蚓堆肥箱的位置妥當。

■太久沒有挖取蚓糞肥
解法：定時挖取蚓糞避免基材和腐熟蚓糞堆太久

　　蚯蚓堆肥箱並不是黑洞，不是一直把生廚餘丟進去就好。無論是用哪一種操作方式，都應該適時的把腐熟的蚓糞

和基材挖出來，騰出空間讓生廚餘得以繼續投入。一個運作無虞個把月的蚯蚓堆肥箱，裡頭的基材混著腐熟蚓糞的確可能已經過度潮溼且細碎，因而壓實結塊、缺乏孔隙，而漸漸不適合蚯蚓居住，甚至讓線蚓和蟎類大量增生。此外，這時候的蚯蚓堆肥箱環境也變得不穩定，更可能因為小小失誤或外在環境變化而劣化敗壞。因此，在投入生廚餘的時候，建議還是要適當的翻撥基材檢查蚓糞腐熟狀況，更要適時的把腐熟的基材和蚓糞挖出來。當然，選擇一個容易挖取基材和腐熟蚓糞的操作方式，例如交替傾斜梯形法或連續流通法，都可以讓觀察基材和蚓糞累積程度乃至挖取蚓糞更加容易。

■天氣陰雨潮溼

解法：保持箱壁內面乾燥，在堆肥箱上打燈

　　如前所述，當天氣陰雨潮溼時，已經運作個把月的蚯蚓堆肥箱就算位置得宜不會被雨水噴濺到，箱壁內面還是會因為空氣溼度高而泛潮甚至凝結小水珠。這樣的狀況下，堆肥蚯蚓就很常從基材裡爬出來四處遊走。此時也只能在蚯蚓堆肥箱上面外加光源，而且無論白天或晚上都可以點燈，讓天性避光的蚯蚓盡量不要出來四處遊走。

　　以上便是蚯蚓堆肥箱裡蚯蚓四處逃竄的各種可能，希望讀者在面對蚯蚓不安分的時候能夠藉此盡速找到原因，解決問題。

◀蚯蚓堆肥箱出問題又沒有做好防逃，就容易看到爬出蚯蚓堆肥箱且乾死在外的堆肥蚯蚓屍體。

蚯蚓堆肥
與堆肥蚯蚓
常見問答

關於
蚯蚓堆肥管理
的疑問

 堆肥蚯蚓純養一種和混養兩、三種何者較好？有何差異？

 如果蚯蚓堆肥箱裡可以盡量純養一種堆肥蚯蚓，我認為是比較好的。

雖然臺灣的堆肥蚯蚓養殖場多為混養兩、三種，但如果可能的話，純養一種總是比混養兩、三種堆肥蚯蚓來得好，尤其是在蚯蚓堆肥箱裡更是如此。

這三種堆肥蚯蚓雖然都住在潮溼有機質裡並且取食生廚餘，但是偏愛的環境條件與行為習性畢竟還是有些許差異，因此如果可以盡量純養一種堆肥蚯蚓就好，在管理上也比較方便。

在繁殖的效率上，盡可能純養一種堆肥蚯蚓應該也有比較高的繁殖效率，因為蚯蚓堆肥箱裡的所有個體都是可以相互交配的同一種類，省去了不同種堆肥蚯蚓之間徒勞無功的接觸。此外，蚯蚓堆肥箱畢竟是個環境條件比較容易波動的小空間，又加上三種堆肥蚯蚓偏愛的環境條件與能耐總有些許不同，長時間下來混養的兩、三種堆肥蚯蚓終究會有其中一種最能適應環境而獨大，其他的堆肥蚯蚓種類則是完全消失，或僅存寥寥數隻苟延殘喘。既然終究會只剩一種堆肥蚯蚓獨大，那不如一開始就讓蚯蚓堆肥箱裡的堆肥蚯蚓越接近單一種類純養就好。

蚯蚓堆肥箱裡面積水，堆肥蚯蚓會淹死嗎？

 蚯蚓都不會淹死，不過這個問題需要仔細說明一番。

讓我們先談談淹死的定義，如果淹死的意思是泡在水中無法交換氣體而死，那麼蚯蚓是不會淹死的。蚯蚓以皮膚呼吸，必須要保持皮膚溼潤才能夠順利讓外界氧氣溶入血液中，浸泡在水中並不會阻撓蚯蚓的皮膚與外界交換氣體。所以只要水中的溶氧足夠，蚯蚓就可以在水中存活，根據過去研究其甚至可達數十天毫無問題。但是如果水中的氧氣不足，例如水中的溶氧被細菌消耗殆盡，蚯蚓就會在水中窒息而死。這就像是密室燒炭把空氣中的氧氣用光一樣，在密室裡的人可以呼吸卻沒有氧氣可以用，於是窒息。因此，蚯蚓基本上不會在水裡因為無法呼吸而淹死，只怕水裡的氧氣不足造成窒息而死。至於蚯蚓堆肥箱裡面的積水到底會不會讓堆肥蚯蚓窒息，這取決於積水中有沒有足夠的氧氣、積水停留的時間、積水是否在蚯蚓堆肥箱的底部又塞滿已經厭氧的基材等等管理細節，就看讀者的蚯蚓堆肥箱管理狀況良好與否，無法一概而論。

順帶一提，有些種類的蚯蚓在連日大雨，土壤淹水後經常會爬到地面上，可能是因為這些蚯蚓的耗氧量比較高，無法忍受淹水土壤中氧氣不足的環境之故。所以真要說的話，這些蚯蚓逃避的並不是水，而是氧氣不足的土壤環境。

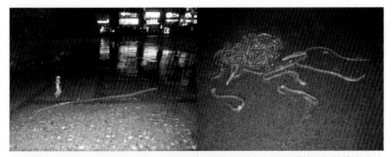

▲壯偉遠環蚓和平地蛇蚯蚓大雨後經常會爬出地表，可能是無法忍受淹水土壤中氧氣不足的環境之故。

堆肥蚯蚓不能吃橘子、柳丁、柚子等芸香科果皮、或是蔥薑蒜辣椒等辛香料嗎？

 恐怕沒這回事。

　　雖然蚯蚓會怕芸香科果皮氣味的說法已經流傳許久，但恐怕是個沒有根據的說法。根據筆者的實驗結果看來，歐洲紅蚯蚓對埋進基材的柚子皮和橘子皮並沒有任何不正常的反應，不僅沒有逃走，柚子皮和橘子皮開始腐爛後也吃得很開心，純吃這些果皮的蚯蚓也沒有因此死亡，因此這個傳言的可信度恐怕有待商榷。除了芸香科果皮之外，蔥薑蒜辣椒芹菜等具有強烈氣味或味道的辛香料，也常被認為是不可以交給蚯蚓處理的生廚餘，不過其真實性實在令人懷疑，因為在筆者的操作經驗裡面，蔥薑蒜芹菜辣椒等辛香料生廚餘放進蚯蚓堆肥箱裡也沒有什麼異樣。總之，以植物性為主的生廚餘只要爛了，堆肥蚯蚓應該都會吃，沒有什麼不能吃的。但話又說回來，不管是什麼種類的生廚餘，只要一次放太多進去蚯蚓堆肥箱裡，其實都容易破壞蚯蚓堆肥箱的環境平衡而造成問題，就連水也一樣，需適可而止，過猶不及都不是好事，世界本來就是這樣，讀者們應該可以理解。

 堆肥蚯蚓吃了基改食物會怎麼樣嗎？

 不會怎麼樣，目前也沒有聽說什麼基改作物影響蚯蚓的事情，完全不需要杞人憂天。

　　更何況基改作物的生廚餘或基改食材在蚯蚓堆肥箱裡，先是腐爛並被微生物分解到一個程度，才會被堆肥蚯蚓取食，這中間的變化應該已經讓被改造的基因序列分解碎裂，要說還能有什麼樣的功能去影響堆肥蚯蚓，實在是多慮了。

堆肥蚯蚓能不能處理寵物糞便？

 可以，不過不同類型的寵物糞便處理效率會有些差異，需要讀者仔細觀察評估，好好拿捏份量。

　　如果是最常見的犬貓糞便，因為犬貓都是肉食動物，如果又是以市售飼料為主食，可以想見糞便裡不會有太多的植物纖維，多半應該是動物性成分消化後的殘渣。這樣的糞便成分或許不太合乎堆肥蚯蚓的胃口，因此犬貓糞便在蚯蚓堆肥箱裡面的處理速度可能不會太快，務必仔細觀察評估處理效率、謹慎拿捏投入的糞便份量。

　　另外要注意的是，貓糞經常會混著貓砂，所以貓砂的成分也需要考量進去，假如是木屑沙、豆腐沙等可生物分解材質的貓砂，放入蚯蚓堆肥箱讓堆肥蚯蚓處理或許比較沒有問題，但如果是礦砂、沸石、矽藻土、二氧化矽（石英）等生物不可分解材質為主的貓砂，就相當於把沙子加進去蚯蚓堆肥箱裡面，或許不是個太好的選擇。此外，貓尿的氨氣味道濃烈，吸收貓尿的結塊貓砂放進蚯蚓堆肥箱裡，可能會過度刺激蚯蚓讓蚯蚓拒絕處理甚至導致竄逃，因此在操作上必定要小心拿捏份量，從少量開始投入以慢慢掌握蚯蚓堆肥箱每日能夠接受的最大份量。總之，無論貓糞上沾的貓砂是什麼成分材質，謹慎評估堆肥蚯蚓處理的狀況、反應和效率，不要一次就放一堆進蚯蚓堆肥箱裡面挑戰堆肥蚯蚓的能耐，還是比較妥當。

　　至於其他的寵物糞便，好比說草食的鼠兔糞便，放進蚯蚓堆肥箱裡讓蚯蚓堆肥處理是再好不過了。鼠兔糞便裡以植物纖維為大宗，富含消化道的微生物之外又乾燥，因此幾乎不會發臭，對堆肥蚯蚓而言是可口的大餐，處理速度快、效率高，就算份量多了點通常也不至於發生什麼大問題。

　　不過，如果是鸚鵡、八哥、文鳥、鴿子等禽鳥糞便，因為含氮廢物濃度較高，放入蚯蚓堆肥箱讓堆肥蚯蚓處理時務必謹慎拿捏份量，否則一不小心可能就會導致蚯蚓堆肥箱的環境惡化，讓堆肥蚯蚓瘋狂逃亡。至於龜鱉、蟒蛇、蜥蜴、守宮等爬行動物特殊寵物，如果是植食動物的糞便讓堆肥蚯蚓處理應該也沒什麼問題，但如果是肉食動物的糞便，要讓堆肥蚯蚓處理也切記要謹慎觀察，小心拿捏份量才好。

堆肥蚯蚓太久沒有新的生廚餘可吃會怎麼樣？

 體型會漸漸變小，因為沒有新的食料可以吃，只能吃已經消化後排出來的蚓糞和比較沒有營養的基材，而且還可能會開始不安分的四處遊走。

　　所以，蚯蚓堆肥箱畢竟還是需要定時投入生廚餘，至少一、兩週要給一次，讓堆肥蚯蚓有東西可以吃，並且不時關心一下之前投入箱裡的生廚餘還剩下多少沒有處理完，聞聞味道確定有沒有發臭發酸，才是比較妥當也盡責的管理模式。

 堆肥蚯蚓可以吃電動廚餘機處理完的廚餘殘渣嗎？

 我認為這是無謂的舉動，而且很可能無法處理，甚至造成堆肥蚯蚓不適竄逃。

　　設置蚯蚓堆肥箱或是電動廚餘機，目的應該都是在家就可以處理廚餘，減少下班回家還要提著廚餘桶出門追垃圾車的疲累。既然蚯蚓堆肥箱和電動廚餘機都是為此目的而生，我建議兩者只要擇一即可。

　　進一步言，電動廚餘機最主要的功能是把生熟廚餘打碎後高溫烘乾，於是無論生熟廚餘都變成脫水變性的殘渣，這樣的廚餘殘渣其實已經不再有腐敗發臭流湯的疑慮，不管要丟進垃圾桶或是直接灑到花圃裡當肥料都不會有什麼困擾，因此我實在看不出來再讓堆肥蚯蚓處理的必要性。更何況，這些廚餘殘渣都已經烘乾脫水且變性，就算要交給堆肥蚯蚓處理也可能因為如此性質而難以被堆肥蚯蚓取食，甚至因為裡面混雜的熟廚餘鹽分和油質，導致堆肥蚯蚓不適竄逃，忙了半天也又是徒增困擾而已，實沒必要。

堆肥蚯蚓可以處理動物屍體嗎？

 或許不會直接取食，但應該有些幫助。

　　堆肥蚯蚓是植食性為主，口前葉也很小，應該不太可能直接啃食動物屍體，但只要等到動物組織腐爛分解到一定程度，堆肥蚯蚓有可能會在屍體周圍取食混著屍體漿液的基材。筆者曾經在實驗室中將死魚埋入歐洲紅蚯蚓的飼養箱中，一、兩週內的確可以看到歐洲紅蚯蚓在魚屍附近大量聚集。

 堆肥蚯蚓會受到生廚餘裡面的農藥、殺蟲劑、殺菌劑或除草劑等的影響嗎？

 不無可能，如果生廚餘上面沾附的殺蟲劑、殺菌劑或除草劑濃度夠高的話。所以選擇安全用藥甚至無毒有機的食材很重要，料理前的食材處理也還是要包含適當清洗為佳。

　　過去已經有諸多研究顯示，無論是殺蟲劑、殺草劑或殺真菌劑農藥，大多數的農藥對蚯蚓都有害，且影響層面並不是讓蚯蚓死亡這麼簡單，而是從蚯蚓體內的生化反應層級開始產生危害，因此蚯蚓就算沒有死亡，也嚴重承受了生存、生殖、生長和構造上的異常，在攝食、活動、鑽穴、排糞、分解植物殘體、躲避危害、以及呼吸的各種行為上也可見廣泛的不良影響。不過，如果是天然或合成的除蟲菊精，對蚯蚓倒沒什麼影響。

　　話說回來，一般而言蚯蚓對各種農藥的敏感度都很高，或許某種層面來說，能夠以蚯蚓堆肥處理的生廚餘，大概就已經具有某種程度上的低度農藥殘留的安全性了吧。總之，既然生廚餘來自我們的日常食材，選擇通過農藥殘留檢驗、安全用藥甚至無毒有機的食材，對我們自己和堆肥蚯蚓都可以安心一點。

如何以蚯蚓堆肥處理社區菜園、都市農園或開心農場等小規模休閒農業，產生的拐瓜劣棗、雜草落葉、爛菜葉等有機質農業廢棄物？

 其實並不需要使用蚯蚓堆肥的方式來處理，只要在土地上挖洞開溝，把這些農業廢棄物埋回土壤中就好。

畢竟都已經是菜園、農園、農場這樣有土壤的場地了，直接把各種有機質廢棄物回歸土壤，讓土壤中原有的蚯蚓種類，加上其他大小土壤動物和微生物們一起分解這些有機質廢棄物就好，不需要捨近求遠，另外設置蚯蚓堆肥箱來處理這些土地上的廢棄物。

 蚯蚓堆肥箱長蟑螂了該怎麼辦？可以噴殺蟲劑嗎？

 不建議。

雖然除蟲菊類的殺蟲劑對蚯蚓似乎沒有什麼毒性，但是考量到蚯蚓堆肥箱中也不是只有堆肥蚯蚓，還有不少其他小型無脊椎動物與蚯蚓一起共存處理生廚餘，筆者建議還是避免使用殺蟲劑，而是使用較溫和的肥皂水精準噴灑在蟑螂身上讓牠窒息，或者是以物理性的方式用電蚊拍或蒼蠅拍殺死蟑螂，蟑螂屍體再交給蚯蚓堆肥箱處理就好。另外要提醒的是，蚯蚓堆肥箱長蟑螂表示防蟲做得不好，才會讓蟑螂有機會跑進去蚯蚓堆肥箱裡，還請參考前面討論如何設置蚯蚓堆肥箱的防蟲章節，改善蚯蚓堆肥箱的防蟲措施，亡羊補牢為佳。

Q 手上有傷口又去接觸蚯蚓堆肥，堆肥蚯蚓會不會鑽進體內寄生？

- -

A 機會很低，但並不是不可能，建議還是避免傷口接觸蚯蚓堆肥為佳。

　　雖然蚯蚓乃至於其他環帶綱寡毛類的動物並非寄生生活，正常狀況下也不會感染人體，但總是有些特例存在。2017 年刊登在韓國寄生蟲學期刊上的一篇病例報告敘述，中國河北省張家口市的一位 25 歲男性主訴嚴重流鼻水和鼻子癢、打噴嚏和流鼻血，隨後在沖洗出來的鼻腔分泌物中竟然有大量的霍氏顫蚓（*Limnodrilus hoffmeisteri*），至於可能的感染原因則未多加說明。無獨有偶，2019 年一篇伊朗的病例報告中，也報導了一位 21 個月大的女童因腹痛、腹瀉、反胃和發燒而急診就醫，隨後竟然在女童的糞便檢查中發現一條活生生的蚯蚓。在臺灣，2019 年初筆者有幸得知，和信醫院的曹美華醫師也曾經在門診時，從一位肺癌病人咳出來的痰液中發現一條 3 公分長的完整蚯蚓，且該病患表示前陣子在傷口處就有蚯蚓存在。由於患者是每天種田的農夫，且嗜食生菜生魚，因此可能讓蚯蚓有機會侵入傷口或隨著沒洗乾淨的生菜吞入體內，又因為患者身體免疫力較差，使得蚯蚓有機會在傷口處、消化道和上呼吸道中存活下來。所以，即使被蚯蚓寄生傷口或人體的機率微乎其微，但為了以防萬一，如果手上有傷口，請避免接觸蚯蚓堆肥。

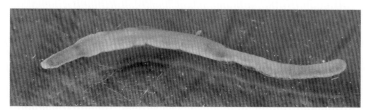

▲ 從肺癌患者咳出來的痰液中發現的蚯蚓，依照外部形態判斷可能屬於某種重胃蚓（曹美華醫師提供）。

　　話說回來，就算不需要苦惱堆肥蚯蚓鑽進傷口中寄生的問題，也還是必須考慮微生物造成的感染風險。雖然說蚯蚓堆肥裡面多為放線菌、鏈黴菌等非致病性的微生物，但是蚯蚓堆肥裡畢竟菌相龐雜，也很難保證沒有任何感染性或致病性的微生物存在，因此如果手上有傷口，還是避免讓傷口接觸蚯蚓堆肥為佳。

關於
堆肥蚯蚓
的疑問

 堆肥蚯蚓會把蚓糞往上排嗎？

 應該是不會。

　　根據筆者觀察，堆肥蚯蚓並沒有往表面排蚓糞的習性，牠們只是把蚓糞從肛門排出，而肛門的方向隨著堆肥蚯蚓鑽動而定，因此蚓糞垂直朝上排出到基材表面、或者垂直朝下排出進基材深處、抑或水平方向排出都不意外。同樣的，生活在地表枯枝落葉堆肥有機層的表層型蚯蚓也只是將蚓糞往後排，並不會特地將蚓糞排到有機層表面。因此，有些堆肥蚯蚓養殖玩家認為堆肥蚯蚓會把蚓糞排到表面，所以收取蚓糞肥應該從表層收取，應該是個概念上的誤解。

　　順帶一提，有些住在土壤中的底層型和貫穿型蚯蚓種類，牠們在土壤中以土食性為主或植食兼土食的，的確會將蚓糞往上排到地表成堆。但話說回來，也不是每一種底層型或貫穿型的種類都會將蚓糞排到地表，例如同樣是底層型土食性為主的蚯蚓 —— 黃頸蜷蚓就會把蚓糞排到地表，但壯偉遠環蚓的蚓糞就幾乎只在隧道中堆積。

◀公園、校園裡常可見滿地的蚓糞，圖中這些都是黃頸蜷蚓排出的蚓糞，但並不是所有種類的蚯蚓都會像黃頸蜷蚓這樣把蚓糞往表面排出。

堆肥蚯蚓可以活多久？

 看種類。

　　根據研究，歐洲紅蚯蚓的平均壽命約為兩年，最長的壽命記錄可達四年半到五年之久；非洲夜蚯蚓的平均壽命也大概是一到三年；印度藍蚯蚓則似乎沒有研究，但猜想應該也差不多。至於其他的堆肥蚯蚓，那就更不一定了，不過一般而言堆肥蚯蚓既然屬於表層型的蚯蚓，遭受外界擾動與天敵捕食的機會頗高，因此壽命應該都不至於太長。

 堆肥蚯蚓會睡覺嗎？

 會，若睡覺的定義乃指身體活動力下降、代謝減慢、對外界狀況反應遲緩的話。

　　蚯蚓有穩定的日活動週期，夜間是活動的高峰，白天則是較不活動的時期，身體活動力下降、代謝減緩、照光縮回的反射也變慢，就跟我們的睡覺很像。差別只在於蚯蚓沒有眼睛可以閉上，白天相對較不活動時期的一般生理活動，可能也不像我們睡覺一樣有那麼大的差異。

 堆肥蚯蚓怎麼感覺光線？

 堆肥蚯蚓和其他蚯蚓一樣都沒有眼睛，但身體表面具有感光細胞，因此可以感受光線。

　　蚯蚓基本上都是負趨光性，也就是會逃離亮處、往陰暗的地方躲去。陽光中的輻射熱會讓蚯蚓快速散失水分，其中的紫外線更會增加蚯蚓體內的自由基、抑制蚯蚓體內的抗氧化反應、讓神經麻痺，造成巨大又致命的傷害，因此蚯蚓躲為上策。

堆肥蚓蚓能不能聽到聲音？

 基本上不能，但關於聲音的事需要仔細說明。

　　我們所謂的聲音，主要是指在空氣中傳導的震波，而人耳只能感受特定範圍的震動頻率。蚓蚓身上目前沒有發現任何器官構造能夠接收空氣中傳導的震波，所以聽不見聲音。順帶一提，也正是因為蚓蚓無法聽見聲音，所以蚓蚓不會叫也是合情合理，各位讀者可回頭參考前面談蚓蚓會不會叫的章節以進一步了解。但話說回來，震波也可以藉由液體或固體傳導，當震波從土壤、石塊等基質傳遞到蚓蚓身上時，蚓蚓是會有反應的。至於這樣到底算不算聽到聲音，就交給讀者們自己判斷了。

 堆肥蚓蚓怎麼找到食物？

 依賴特殊構造接收味道和觸感。

　　堆肥蚓蚓和其他蚓蚓一樣，不像我們有鼻子聞得到空氣中的氣味，但是牠們的嘴巴前面有個叫做口前葉的構造，上面有化學感覺細胞和觸覺感覺細胞，就像我們的舌頭一樣能夠嚐到味道也擁有敏銳觸覺。所以，蚓蚓就是靠著口前葉判斷接觸到的物體是否可食或適口，以此方式找到食物。

▲蚓蚓身體前端的口前葉，不同類群的蚓蚓擁有不同型態的口前葉。

堆肥蚯蚓有生殖季嗎？

 應該算有吧。

　　一般而言，蚯蚓在偏好的溫度範圍以及適當的溼度出現時才會產出較多卵繭，以臺灣為例，堆肥蚯蚓比較適宜的溫、溼度經常在春、秋兩季。不過既然是在人工環境裡生活的堆肥蚯蚓，如果可以把蚯蚓堆肥箱的環境調整好，讓基材的溫度和溼度都處在堆肥蚯蚓偏好的範圍內，那麼一年四季都可以是堆肥蚯蚓大量生殖的時節。

 堆肥蚯蚓多久交配一次？

 不確定，目前所知不多。

　　即使是大量養殖觀察相對容易的堆肥蚯蚓，受限於蚯蚓多在基材內交配的緣故，蚯蚓交配的間隔時間還是不容易觀察記錄。目前只知道歐洲紅蚯蚓經常在數天內跟不同個體交配後才開始產下卵繭，而且要等到受精囊內來自別的蚯蚓的精子用光或劣化以後才會再度交配，可以想見這間隔也不是個固定的天數，因此整體說來，堆肥蚯蚓多久交配一次應該尚未有確定的答案。

堆肥蚯蚓交配一次可以生幾個卵繭？

 不知道確切數字，只知道不少個。

　　目前看來，堆肥蚯蚓交配一次可以一個又一個的生下很多卵繭，直到受精囊中的精子用光。不過許多研究也發現，堆肥蚯蚓中的歐洲紅蚯蚓經常不只交配一次，而是跟不同個體交配幾次後才開始產下卵繭，這樣可以讓不同個體的精子在受精囊中競爭，得到品質比較優良的精子，提昇卵子受精率。

 堆肥蚯蚓產卵繭的間隔時間有多久？

 不一定，看種類和環境條件。

　　堆肥蚯蚓產卵繭的頻率有多快，不但依種類有所差異，也還會受到環境條件以及營養和年齡等個體條件的影響。舉例來說，印度藍蚯蚓在最佳狀況下可以一天生下一顆以上的卵繭，但歐洲紅蚯蚓在最佳狀況下則是只有兩天一顆卵繭的頻率。當環境狀況不佳、營養不足或是蚯蚓個體老化，產卵繭的間隔時間當然就拉長了。

 堆肥蚯蚓的卵繭多久才會孵化？

 依種類和環境溫度、溼度而定。

　　以臺灣的三種堆肥蚯蚓來說，環境溫度適合時，卵繭孵化所需的時間大概都在兩三週之內，詳細資訊可參考本書前面介紹堆肥蚯蚓的章節。

堆肥蚯蚓孵化後多久才會成熟？

 依種類而定，而且也跟環境條件適不適合很有關。

　　以臺灣的三種堆肥蚯蚓來看，孵化後在適合的環境中只要一、兩個月就可以成熟。但相對的，不屬於堆肥蚯蚓、生活在地底深處的底層型和貫穿型的蚯蚓種類，孵化到成熟所需的時間通常就長得多，例如臺灣野外常見的底層型蚯蚓大概都要半年左右才能夠成熟。

 堆肥蚯蚓一個卵繭裡有幾隻小蚯蚓？

 依種類而定。

　　以臺灣的三種堆肥蚯蚓來看，印度藍蚯蚓的卵繭內幾乎都只有一隻幼體；非洲夜蚯蚓一個卵繭內就有兩、三隻幼體，最多可達 8 隻；而歐洲紅蚯蚓一個卵繭內平均則有三、四條幼體，最多甚至可達 12 隻。

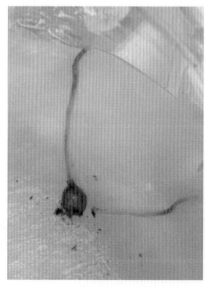

◀ 孵化中的歐洲紅蚯蚓卵繭，裡頭有兩隻大小不一的幼體。

堆肥蚯蚓的小蚯蚓長什麼樣？
跟線蚓、線蟲有什麼不同？

以臺灣的三種堆肥蚯蚓來看，從卵繭孵出來的小蚯蚓雖然體型小而半透明，但是至少都會帶有些許的紅色或褐色色調，而且體內的背血管和血管裡的紅色血液也清晰可見，稍微長大一點後，身體顏色更是會轉深而且不再透明。

有趣的是，蚯蚓堆肥箱裡面要找到堆肥蚯蚓的小蚯蚓其實沒那麼容易，因為牠們體型小且體色又是半透明的紅褐色，混在基材、生廚餘和蚓糞之間並不顯眼。反而是線蚓因為身體乳白色微透明、數量大又經常扭曲不太動，在深色的堆肥背景裡還比較容易被看見。線蚓和堆肥蚯蚓同樣都屬於環節動物門環帶綱，放大仔細看的話，線蚓身上一樣有分節、有剛毛，至於線蟲則是屬於線蟲動物門，跟線蚓、蚯蚓是天差地別的動物類群，而且在堆肥中的線蟲基本上體型太小，幾乎不會被肉眼注意到。讀者可以參考前面的章節，詳細了解各種蚯蚓堆肥箱裡面可能出現的共存小動物。

Chapter

13

蚯蚓堆肥與堆肥蚯蚓常見問答

▲剛孵化的堆肥蚯蚓，半透明的體色總是帶著紅褐色，體態也偏肥短。

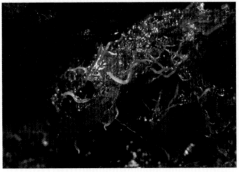

◀線蚓身體半透明乳白色或微黃，體態也細長，與小蚯蚓明顯不同。

堆肥蚯蚓產卵繭需要多少時間？

 不確定，所知實在不多。

　　不管是哪一種蚯蚓，受限於蚯蚓多在基材內產卵繭導致的觀察困難，蚯蚓產一個卵繭需時多久目前似乎沒有什麼明確的記錄和答案。即使是大量養殖、觀察相對容易的堆肥蚯蚓，從僅有的少數資訊中也只能推測產一顆卵繭大概不會需要太久的時間，也許是數十分鐘或一小時以內。

 堆肥蚯蚓在食物不足時，大的個體會離開基材，「禮讓」幼體先吃飽嗎？

 蚯蚓沒有「禮讓」這種事情。食物不夠的時候，堆肥蚯蚓是有些值得注意的行為沒錯，但不是這樣解釋的。

　　筆者曾經用非洲夜蚯蚓做過實驗，當基材裡的食物不足時，蚯蚓的確很容易逃離基材，而且大的個體移動能力比小的個體好得多，所以先跑掉的都是體型比較大的個體。至於那些體型還小的，可能因為移動能力不夠好、耐乾燥的能力也不夠、還有對小的個體而言，基材裡面可能還算有得吃，因為需要的食物也不像大的個體那麼多，所以傾向繼續待在食物不足的基材裡。話說回來，體型小的個體就算逃逸死掉，屍體也不容易被發現，因此小的個體說不定也跑了不少，只是不像大的個體那麼引人注目，才會讓人以為只有大的個體會離開基材。

　　不過值得一提的是，食物不足會引發大的蚯蚓個體離開這個現象，筆者也只在非洲夜蚯蚓的基材中看過，在歐洲紅蚯蚓和印度藍蚯蚓的基材中似乎就不太出現，尤其是歐洲紅蚯蚓，就算食物不足也通常是乖乖待在基材裡一副認命樣。因此，雖然同為堆肥蚯蚓，但畢竟是不同科的種類，對食物不足的反應也不能一概而論。

關於
堆肥蚯蚓的來源
與應用疑問

 堆肥蚯蚓哪裡買？

 　　臺灣各地已經有諸多蚯蚓養殖業者販售堆肥蚯蚓，在各大網路平臺上、社群網站相關社團與粉絲頁上皆可輕易找到相關資訊，不過通常是以「紅蚯蚓」的名義販售，並且多為混養兩、三種堆肥蚯蚓，要找到純養一種堆肥蚯蚓的商家相對不容易。在溝通上，也建議讀者使用歐洲紅蚯蚓、印度藍蚯蚓與非洲夜蚯蚓三種中文俗稱來溝通詢問，一同引導堆肥蚯蚓產業使用精準用詞。

 可能培育出更多種類的堆肥蚯蚓嗎？

 當然有可能。

　　堆肥蚯蚓主要是屬於表層型植食性的蚯蚓種類，從中挑選出容易大量飼養繁殖的種類為人所用，因而成為堆肥蚯蚓，就好像從野生鳥類裡頭選出可大量養殖的家禽一樣。世界上還有許多表層型植食性的蚯蚓種類，這些目前仍不屬於堆肥蚯蚓的種類，或許有更好的進食效率、更寬鬆的環境條件需求、更高的繁殖速率、更大或更小的成體體型、更安定的習性等，尚待有心人投入辨識種類、了解其養殖特性，將牠們培育成新的堆肥蚯蚓種類並開發其價值。

堆肥蚯蚓中可以培育出特定的品種嗎？

 目前所知並不行。

如果這裡說的品種是真正的「品種」之意，也就是像狗中的柯基犬、柴犬、哈士奇，或是稻米中的臺梗八號、臺農六十七號，這一類由人為篩選培育出來特徵穩定的個體，那麼堆肥蚯蚓目前並沒有任何品種，無論在臺灣或國際上都一樣。更何況，品種選育是一件極為辛苦又耗時的事情，真的要做都是以篩選過的兩兩個體來配對、授粉、甚至以人工手段促成精卵結合，再把好不容易得來的子代養大後記錄特徵性狀，挑選出適合的個體進行配對，就這樣不斷的重複循環，直到終於產出令人滿意的後代為止。把這樣的概念放到堆肥蚯蚓養殖上，讀者可以試著想像一下，堆肥蚯蚓養殖的操作方式要這樣去育種，應該是難上加難。若要詳細了解堆肥蚯蚓的品種一事，可以參考本書前面「傳說中的太平 2 號紅蚯蚓」章節。

 不同種的堆肥蚯蚓可以雜交出新品種嗎？

 並不行。

蚯蚓雜交是一個流傳已久的錯誤迷思，事實上不同種的蚯蚓在雄孔和受精囊孔的型態與位置上差異太大，彼此根本無法結合，因此無法雜交。詳細說明可以參考本書前面談蚯蚓交配與生殖的章節。

可能培育出能夠大量養殖的非堆肥蚯蚓，也就是底層
型或貫穿型的偏土食性蚯蚓嗎？

 不是沒可能。

　　只要能夠掌握所需的環境條件，要大量養殖底層型或貫穿型的偏土食
性蚯蚓當然不無可能。只不過，我們對於蚯蚓偏好的土壤物理化學性質所
知實在不多，甚至連偏土食性蚯蚓到底是取食土壤中什麼類群的有機質或
微生物，都還只在初期的研究階段，因此難以掌握各種底層型或貫穿型蚯
蚓的養殖需求。相較之下，尋找並培育新的堆肥蚯蚓種類，應該是容易得
多。

 聽說堆肥蚯蚓帶有寄生蟲，拿去餵雞、餵魚好嗎？

 考量堆肥蚯蚓的來源與環境，筆者認為應該不太需要
苦惱寄生蟲的問題。

　　不可否認，蚯蚓的確可能成為寄生蟲的中間宿主或是媒介，但是寄生
蟲不會無中生有，堆肥蚯蚓也需要接觸到環境中的寄生蟲幼蟲或蟲卵，才
可能感染寄生蟲成為中間宿主或媒介。如果堆肥蚯蚓來自家中的蚯蚓堆肥
箱，放進箱裡的都是理應不含寄生蟲卵的家戶生廚餘，那麼照理說堆肥蚯
蚓都不會有寄生蟲感染的機會，於是把蚯蚓堆肥箱裡長得太多的堆肥蚯蚓
拿去餵雞、餵魚，應該不會有什麼寄生蟲的問題。更何況寄生蟲多半都有
專一的生活史和宿主，如果蚯蚓身上感染的寄生蟲並不是能夠在雞或魚身
上存活繁衍的寄生蟲，那麼就算蚯蚓身上真的帶有寄生蟲，也不需要煩惱
這些寄生蟲會因為蚯蚓被雞或魚吃了以後雞或魚受到感染。

Q 堆肥蚯蚓養太多了可以放生嗎？

 A 不可以，**請不要這樣做。**

　　如果真的把堆肥蚯蚓養得太多了，拿去跟其他堆肥蚯蚓養殖愛好者分享交流，或者餵食禽鳥、兩棲爬蟲類、刺蝟等特殊寵物，都是遠比放生更好的選擇。

　　從前面的章節就可以知道，在臺灣的三種堆肥蚯蚓只有印度藍蚯蚓可能算是本土種或歸化種，在野外已經存在已久，而另外兩種堆肥蚯蚓都是從國外引進的外來種。為了維護生態環境、避免外來種在本土環境繁衍擴散造成危害，本來就不應該把外來種隨便丟到野外。尤其是來自熱帶非洲很能適應臺灣的氣候、目前入侵風險也還未知的非洲夜蚯蚓，更是千萬不可隨便放生；至於來自溫帶地區的歐洲紅蚯蚓，在臺灣中、低海拔的野外環境應該是難以存活，隨便放到野外也不過只是放死而已，雖不至於造成生態上的風險，但是想要放生的心意卻導致蚯蚓的死亡，應該也不是什麼太好的結果。

 Q 堆肥蚯蚓可以用來鬆土或改良土壤嗎？

 A 不可以，**請不要這樣做。**

　　前面章節很清楚的說過，蚯蚓有三種不同的生態型，堆肥蚯蚓基本上都屬於表層型植食性的種類，並不會住在土壤裡，所以想要把堆肥蚯蚓放生到農地裡鬆土或改良土壤，也只是緣木求魚，毫無功效可言。

堆肥蚯蚓可以跟黑水虻幼蟲共存，一起處理廚餘嗎？

 不容易。

　　堆肥蚯蚓偏好的環境條件與黑水虻幼蟲不同，偏好取食的有機質廢棄物性質也不一樣，更別提黑水虻幼蟲有可能把共存的蚯蚓也當成食物吃掉，而且黑水虻幼蟲的生活史遠比蚯蚓短暫且迅速得多，因此兩者只可能在其中之一為相對低密度的狀態下短暫共存一段時間，應該無法刻意以人工方式讓兩者都處於高密度的狀態共存並且處理廚餘。

 堆肥蚯蚓會因為近親繁殖而弱化嗎？

 應該沒這種事，而且這個問題值得好好討論一番。

　　堆肥蚯蚓近親交配而弱化的疑慮在堆肥蚯蚓養殖社群中很常出現，為了避免弱化而需要定期和別人的養殖族群雜交以提純復壯，這種繪聲繪影的答案也所在多有，但是筆者認為這只是以訛傳訛而已，一般來說堆肥蚯蚓養殖基本上應該沒什麼近親繁殖的疑慮，近親繁殖後也沒有弱化的苦惱，為此去跟別人的族群雜交以提純復壯更是沒必要。

　　為了讓讀者不再半信半疑，我們來看看 2006 年的這個研究。研究人員在西班牙北部的維戈（Vigo）和中部的馬德里（Madrid）各取了一群歐洲紅蚯蚓（*Eisenia andrei*），他們先是把維戈的未成熟個體單獨養到成熟，再讓牠們兩兩交配，形成了五個維戈蚯蚓家族。接下來把每一個維戈蚯蚓家族裡面的子代蚯蚓隨機分成三群：跟自己手足交配的近親交配群、跟別的維戈蚯蚓家族子代交配的青梅竹馬群、最後是跟馬德里來的蚯蚓交配的兩地通婚群，並且在這些子代蚯蚓交配後的 15 週內，計算牠們產卵繭的數量。

結果發現，青梅竹馬群的蚯蚓所產的卵繭最多，兩地通婚群的蚯蚓所產的卵繭則少了一點（跟青梅竹馬群的產卵繭數相比少了 19%），近親交配群的蚯蚓所產的卵繭則最少（跟青梅竹馬群的產卵繭數相比少了 30%）。而維戈跟馬德里分隔 500 公里，兩地的歐洲紅蚯蚓都是自然族群，應該至少上百年幾乎沒有任何交流。因此這樣的結果暗示了不同地區的同種蚯蚓分隔久了，在遺傳上或生理適應上是真的會出現些許的差異，讓兩群個體通婚後的繁殖率下降。

　　從研究結果看來，真的要問近親交配會不會造成影響，答案的確是「會」，但是是在跟兄弟姊妹交配的極端狀況下才會有影響，而且影響的是產卵繭數量而非活動力、食慾或行為等其他表現。更重要的是，跟遠在天邊的另一族群配對，也會對產卵繭數量有影響。所以到頭來最好的做法，其實就是確保養殖的堆肥蚯蚓數量夠大，讓蚯蚓能夠有夠多的潛在對象可以交配，真的放不下心那也許偶爾動手混合一下，讓蚯蚓可以有機會遇到同群但不同家族的個體來交配，這樣照理說就不至於有什麼近親交配的擔憂才是。

　　話說回來，坊間的堆肥蚯蚓飼養數量多半是以斤為單位，歐洲紅蚯蚓一斤大概就有兩千隻以上的數量，這樣的數量若是要發生近親交配，恐怕機會也是微乎其微，因此筆者認為並不需要苦惱近親繁殖而弱化這種事。

Q 堆肥蚯蚓有毒嗎？可以吃嗎？據說吃了可以壯陽是真的嗎？

- -

A 堆肥蚯蚓沒有毒。

目前全世界的蚯蚓至少 6000 多種，也沒有發現任何一種蚯蚓會讓其他動物吃了而中毒。所以只要你願意，堆肥蚯蚓當然可以吃，不過可以吃是一回事，好不好吃又是另一回事。

前面的章節提過，1970 年代後期的臺灣曾經有一波紅蚯蚓的養殖熱潮，當時就有養殖戶舉辦蚯蚓料理試吃大會鼓吹吃蚯蚓，但僅是將蚯蚓乾燥磨粉後做為糕點中的添加物，時至今日，也不見此風繼續流傳。此外，近年來曾偶然耳聞臺灣某些地區或山區有吃蚯蚓的野味料理，亦曾經從印尼移工朋友口中得知，某些印尼鄉間的確會到田裡找蚯蚓洞掏其中的大蚯蚓來料理，而且大蚯蚓在當地被視為滋補好物，對小孩和孕婦尤其營養。世界各地在過去或至今也都有吃蚯蚓的風俗，例如文獻中曾提及的中國海南島與廣東地區、日本、非洲南部、新幾內亞原住民、澳洲原住民、紐西蘭的毛利人都有吃蚯蚓的習俗，甚至視蚯蚓為珍饈；南美洲委內瑞拉境內的亞馬遜原住民部落嗜食蚯蚓，市場上的蚯蚓消耗量甚至有魚肉和其他動物肉類的三倍之多。

▲ 1978.07.02《經濟日報》第七版，蚯蚓食品品嚐會的報導。

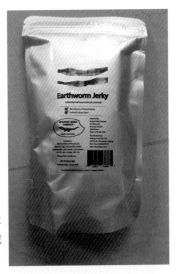

▶泰國出產，在亞馬遜購物平
臺上販賣的零嘴蚯蚓乾，據說
又乾又硬，實在是不好吃。

　　若是將蚯蚓做為藥物食用，在世界各地也是所在多有。在伊朗、北美
原住民、寮國與柬埔寨等地，蚯蚓做為藥方在傳統醫療中也有各式各樣的
用途。在中醫裡，蚯蚓乾的中藥名稱叫做地龍，做為中藥使用也已有悠久
歷史，通常做活血之用，不過活血的藥效跟壯陽能不能畫上等號，還有中
藥地龍既非堆肥蚯蚓，兩者是否具有一樣的藥效，還是交給中醫師們去評
估比較好。

 **堆肥蚯蚓身上有蚓激酶嗎？哪一種堆肥蚯蚓的蚓激酶
含量比較高？**

 **堆肥蚯蚓身上一定有蚓激酶，至於哪一種堆肥蚯蚓的
蚓激酶含量比較高則有待研究。**

　　蚓激酶（Lumbrokinase）是一種纖維溶解酶，最早在 1991 年從紅正
蚓（*Lumbricus rubellus*）體內萃取並純化命名，至今已申請專利並有諸多
後續研究，更經常用於心血管保健食品中。許多研究在多種蚯蚓身上都已
經發現蚓激酶，或構造與功能極為類似的分子，因此臺灣的三種堆肥蚯蚓
身上一定也有蚓激酶或類似蚓激酶的分子。不過，臺灣三種堆肥蚯蚓到底
哪一種身上的蚓激酶含量較高、功效較強、萃取較容易，仍有待學者進一
步研究比較。

關於
蚓糞肥的疑問

 Q 蚓糞長什麼模樣？該如何分辨？

 A 在蚯蚓堆肥箱裡面，其實不需要知道蚓糞長什麼模樣，也無須分辨。

因為蚯蚓堆肥箱終究會需要挖出腐熟的蚓糞肥和基材，以騰出空間讓新的生廚餘食料可以投入箱裡，而腐熟蚓糞和基材必定混在一起難以分辨，在實際操作上更不可能把蚓糞與基材分離。因此，只要選擇適當的蚯蚓堆肥箱設置方式，在適當或必要的時候把最舊、最腐熟的蚓糞混著基材挖出來就可以了，且基材跟蚓糞同樣都是有機質為主，彼此的菌相也因為混合在同樣的環境裡而不會有差異，整體而言都可以做為蚓糞肥使用，這樣的狀況下還要去區分蚓糞和基材，只是無謂的畫蛇添足而已。

 Q 蚓糞肥要放多久以後才可以使用？

A 只要是已經腐熟的蚓糞肥就可以馬上使用，並不需要等待。

其實我無法理解為什麼蚓糞肥從蚯蚓堆肥箱挖取出來以後，還要等待一段時間才能使用。如果是還沒有腐熟的生廚餘，應該都還保有生廚餘的模樣與氣味，照理說就不該挖出來做為肥料使用。如果是蚯蚓堆肥箱的設置法不夠完善，讓挖取蚓糞肥時容易混雜還沒有腐熟的生廚餘，那麼當然可換一個比較好的蚯蚓堆肥箱設置法就好。

什麼工具適合用來翻動檢查蚯蚓堆肥箱和挖取蚓糞肥？

A 一般而言，我建議使用小耙這一類的爪型工具來翻動檢查蚯蚓堆肥箱和挖取蚓糞肥。

　　因為這樣的爪型工具沒有明顯的切面，戳進基材和蚓糞肥裡翻動時，比較不會切到堆肥蚯蚓造成傷害。不過，與其在意使用的工具為何，選用便於挖取蚓糞肥的蚯蚓堆肥箱設置法，我認為這才是真正的釜底抽薪之計。本書中極力推薦的交替傾斜梯形法，不僅便於挖取蚓糞肥，也能夠讓最腐熟的蚓糞肥裡有最低的溼度，從而大大降低堆肥蚯蚓還待在裡頭的困擾，更在控制基材溼度、保持生廚餘潮溼讓堆肥蚯蚓快速處理等其他管理層面都有突出之處。所以，如果各位讀者像筆者這樣採用交替傾斜梯形法來設置蚯蚓堆肥箱，不管是用尖頭園藝鏟，還是任何工具挖取蚓糞肥都可以非常放心。

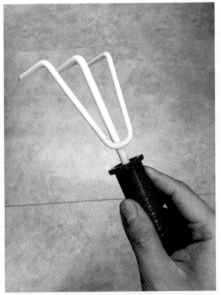

▲園藝小耙適合用來翻看蚯蚓堆肥箱並且挖取蚓糞。

Q 蚓糞肥裡面的蚓糞純度有多高，該怎麼判斷？

A 如果是家戶社區規模產出的蚓糞肥，那麼裡面的蚓糞純度有多高並不重要，也不需要判斷。

如同上個問題的答案，在蚯蚓堆肥箱裡面產出的蚓糞必定混著基材，且蚓糞與基材的性質、肥力、有機質含量乃至菌相，經過蚯蚓堆肥後應該都不至於有太大差異，所以去判斷蚯蚓堆肥箱裡挖出來的蚓糞肥裡頭蚓糞的純度有多高，筆者認為只是多此一舉，沒什麼實質意義。

不過，如果是坊間市售的蚓糞肥商品就不一樣了。坊間市售的蚓糞肥商品，的確有可能讓有機質廢棄物被堆肥蚯蚓處理成蚓糞肥並收成以後，基於有機質肥料品目規格所規範的肥力標準、商品定位與成分設定、或是本益比考量等各種原因，再於蚓糞肥裡添加其他沒有被堆肥蚯蚓接觸或處理過的成分，成為最終銷售的蚓糞肥商品。這樣的狀況下，商品當中真正的蚓糞或蚓糞肥的含量與純度，的確不會是百分之百，但是要怎麼判斷商品中的蚓糞純度有多高，坦白說相當困難，如果商品又經過造粒，那就更是無從判斷了。建議讀者還是回歸大原則，觀察蚓糞肥商品的效用是否達成自己的需求就好，蚓糞純度到底多高這個疑問就一笑置之吧。

◀▲數年前購得的三種蚓糞肥，其原料來源可見相當差異，也無法分辨原料是否經過蚯蚓堆肥或者只是蚯蚓堆肥後才添加，更無法判斷蚓糞在商品中的含量。

蚓糞肥使用過多會不會造成土壤酸化？

 沒聽過蚓糞肥使用過度造成土壤酸化這種事情，可以不太需要擔心。

在農業上，土壤酸化通常是化學氮肥使用過多造成的，而蚯蚓堆肥箱產出的蚓糞肥主要成分為有機質，本身就擁有相當好的酸鹼緩衝能力，因此不太可能造成土壤酸化。如果真的在土壤裡施用了那麼多的蚓糞肥，比較有可能因為土壤有機質含量過高或保水性過好導致作物生長不良或爛根，畢竟蚓糞肥也不是仙丹妙藥，各種作物也有各自的養分需求和土壤偏好，還是請讀者深入了解自己的作物需求，再來看怎麼使用蚓糞肥比較好。

 蚓糞肥經過曝晒或造粒，
會不會影響肥力或破壞菌相？

 基本上，可以不用擔心。

就肥力而言，曝晒或造粒都不至於有什麼影響，因為肥力是來自於蚓糞肥裡面含有多少可供植物吸收的氮、磷、鉀、鈣、鎂等要素，這些要素不太可能因為曝晒或造粒而改變或消失。至於蚓糞肥裡的菌相，或許紫外線在曝晒過程中可能殺死些許表面的微生物，但藏在表面之下的微生物應該只會因為蚓糞肥經曝晒漸漸乾燥而休眠，不至於有什麼破壞性的影響。同樣的，如果蚓糞肥造粒只是藉由研磨擠壓通過小孔，過程中並沒有達到攝氏 60 度以上的高溫並且持續一段時間，那麼蚓糞肥中的菌相應該也不至於有什麼影響。

蚓糞肥裡面的卵繭需要挑出來嗎？如果不挑出來會不會影響種菜？

 能挑出來當然比較好，不能挑出來也盡量讓蚓糞乾燥以殺死卵繭再使用。

如果蚓糞肥裡面還有卵繭，拿去種菜以後有可能會有小蚯蚓從卵繭中孵化，但因為種菜的土地大概不太可能適合堆肥蚯蚓生存，所以小蚯蚓存活甚至長大的機會渺茫。就算小蚯蚓真的運氣好，可以在種菜的土地上長大，其實對於蔬菜也不會有什麼不良影響。但話說回來，臺灣的三種堆肥蚯蚓中就有兩種屬於外來種，這樣讓蚯蚓外來種逸出到農地上，坦白說並不是好事，所以讀者從蚯蚓堆肥箱裡面挖出蚓糞肥以後，建議還是讓蚓糞肥乾燥一週以上以殺死卵繭再做為肥料使用，進而減少堆肥蚯蚓逸出的生態風險。

 用蚓糞肥種菜，有沒有可能因此吃到堆肥蚯蚓？

 機率很低。

如果蚓糞肥裡面還有卵繭而且沒有乾燥死亡，卵繭孵化後的小蚯蚓還在種菜的土地裡活了下來，那麼蔬菜採收時的確有可能夾帶小蚯蚓，但只要洗菜的時候仔細一點，吃到堆肥蚯蚓的機率應該跟中樂透的機率一樣低。

蚓糞肥不含重金屬和農藥，是真的嗎？

 不盡然，蚓糞肥沒這麼神奇。

如果所給的生廚餘裡面含有重金屬，在蚯蚓堆肥箱裡被堆肥蚯蚓處理後產生的蚓糞肥，必定也還是有重金屬的，只是濃度升高或降低而已。畢竟堆肥蚯蚓不是魔術師，重金屬也不是堆肥蚯蚓需要大量吸收的重要養分，所以堆肥蚯蚓並不會把生廚餘裡的重金屬全部吸收殆盡。但話說回來，既然生廚餘來自我們的日常食材，實在難以想像食材上會沾附多少重金屬，因此蚯蚓堆肥箱裡的食料如果是以家戶生廚餘為主，或許比較不用擔心重金屬問題。

至於農藥，在蚓糞肥中殘留的可能性則與該藥物的安定性有關，若是該種農藥非常安定而難以降解，堆肥蚯蚓與蚯蚓堆肥過程中的微生物也很難藉由分解或吸收的方式將其去除，於是蚓糞肥中必定還是會有此一藥物殘留；反之，若是不穩定且容易降解的農藥，則在蚯蚓堆肥過程中將迅速分解，蚓糞肥中的農藥濃度就會比原本更低甚至為零。

不過，考量到農藥在我們食材上的殘留量通常頗低，再加上生廚餘在蚯蚓堆肥箱裡面分解腐熟的過程，成為蚓糞肥以後通常又過了幾個月才可能被挖出來使用，裡面的農藥經過重重考驗應該早已分解殆盡才對。所以，家戶社區規模的蚯蚓堆肥箱產出的蚓糞肥，裡面的農藥殘留或許真的只有微乎其微，要說是不含農藥也不無道理。

國家圖書館出版品預行編目 (CIP) 資料

超詳解蚯蚓堆肥製作與利用 / 賴亦德作；
— 初版 . — 臺中市 : 晨星出版有限公司，
2023.05
面；　公分 . — （自然生活家；48）
ISBN 978-626-320-395-2（平裝）

1.CST: 肥料 2.CST: 蚯蚓

434.231　　　　　　　　　112001173

詳填晨星線上回函
50 元購書優惠券立即送
（限晨星網路書店使用）

自然生活家048

超詳解蚯蚓堆肥製作與利用

作者	賴亦德
主編	徐惠雅
執行主編	許裕苗
版型設計	許裕偉
繪圖	柳惠芬

創辦人	陳銘民
發行所	晨星出版有限公司 臺中市 407 工業區三十路 1 號 TEL：04-23595820　FAX：04-23550581 E-mail：service@morningstar.com.tw http：//www.morningstar.com.tw 行政院新聞局局版臺業字第 2500 號
法律顧問	陳思成律師
初版	西元 2023 年 05 月 06 日 西元 2024 年 06 月 06 日（二刷）

讀者專線	TEL：（02）23672044 /（04）23595819#212 FAX：（02）23635741 /（04）23595493 E-mail：service@morningstar.com.tw
網路書店	https://www.morningstar.com.tw
郵政劃撥	15060393（知己圖書股份有限公司）
印刷	上好印刷股份有限公司

定價 420 元

ISBN 978-626-320-395-2